U0917961

建筑业职业技能岗位培训教材

抹灰工

主　编　刘召军
副主编　李大今　冯　鹏　吴　林

中国环境出版社·北京

图书在版编目（CIP）数据

抹灰工/刘召军主编．—北京：中国环境出版社，2012.6
（2015.4 重印）
建筑业职业技能岗位培训教材
ISBN 978-7-5111-1007-7

Ⅰ．①抹…　Ⅱ．①刘…　Ⅲ．①抹灰—岗位培训—教材
Ⅳ．①TU754.2

中国版本图书馆 CIP 数据核字（2013）第 009271 号

出 版 人　王新程
责任编辑　张于嫣
责任校对　扣志红
封面设计　中通世奥

出版发行　中国环境出版社
（100062　北京市东城区广渠门内大街 16 号）
网　　址：http://www.cesp.com.cn
电子邮箱：bjgl@cesp.com.cn
联系电话：010-67112765（编辑管理部）
010-67150545（建筑图书出版中心）
发行热线：010-67125803，010-67113405（传真）
印　　刷　北京市联华印刷厂
经　　销　各地新华书店
版　　次　2012 年 6 月第 1 版
印　　次　2015 年 4 月第 4 次印刷
开　　本　850×1168　1/32
印　　张　5
字　　数　130 千字
定　　价　14.00 元

序　言

十分高兴看到新一版的建筑业技能培训教材的及时出版。这套涵盖了建筑业主要技能内容的教材，不仅凝聚了各位编者的智慧和辛勤汗水，更是在建筑业“十二五”规划开局之年为建筑业一线操作技术人员技能水平的提高吹响了新的号角。

建筑业一线操作人员的技能水平是建筑工程质量和施工安全的保障基础。近年来，伴随着建筑业一线操作人员技能培训与鉴定工作的全面展开和不断深化，建筑业新技术、新工法、新材料和新产品也不断涌现、日益丰富。以山东省为例，为加大建筑业新技术、新产品、新材料的推广力度，仅在 2010 年，山东省建筑业就评审确定了省级工法 296 项和建筑业新技术应用示范工程 269 项。面向全国，面向世界，丰富多彩的新技术、新工艺为建筑业的发展注入了新的活力，也为建筑业技能培训和鉴定工作提出了新要求。建筑业技能培训的内容只有不断更新，一线操作人员的技能水平才能跟上时代的要求。

本套教材紧紧围绕国家职业技能鉴定的基本要求，一方面着力突出了新材料、新技术对技能培训与鉴定的新要求；

另一方面，从学习和教学角度编排内容和练习题目，以方便操作人员的学习和训练。相信这套教材的出版会让我们建筑业的技能培训与鉴定工作与时俱进、相信进一步的培训与开发定会为促进产业发展作出基础性的贡献。

宋瑞乾

2011 年 11 月

前　言

随着建设行业各工种专业的技能水平不断提高，影响和促进建筑业技能发展的新材料、新工艺和新技术也日益丰富。为了促进建筑业技能培训与鉴定工作赶上时代的步伐，根据原国家建设部颁布的《建设行业职业技能标准》与国家住房和城乡建设部制定的《建筑工程职业技能标准（征求意见稿）》的具体精神和要求，结合近年来出现的新技术、新技能以及建筑业工作的实际需要，山东省建筑工程管理局技能开发管理办公室组织编写了本书。

全书共分 9 章，介绍了建筑构造与识图，抹灰的各种材料及抹灰砂浆，抹灰工程、饰面工程和地面工程的做法及装饰抹灰的内容，还介绍了冬期施工、工料计算及施工现场、机械使用的安全技术。后附技能鉴定习题集。

本书充分体现了实用和新颖两大特点。（一是强调语言叙述通俗易懂、内容布局循序渐进，内容选择紧密结合建筑工地实际；二是强调突出了新材料、新工艺和新技能要求）抹灰工是建筑行业开展职业技能岗位培训与鉴定的理想教材，也是建筑业干部与职工学习技能、提高业务水平的重要参考读物。

本书在编写过程中参阅了大量资料，谨向参考文献编著者深表谢意，由于时间仓促，加之编者水平有限，不妥之处在所难免，恳请读者批评指正。

编者

目　录

第一章　建筑构造与识图

第一节　建筑构造

一、民用建筑的基本组成

供人们居住、工作、学习以及文化活动等使用的建筑工程称为民用建筑。民用建筑按其用途又分为居住建筑、公共建筑及综合建筑。居住建筑是指各种住宅楼；公共建筑是指各种商业大楼、教学楼、影剧院、医院等；综合建筑是指各种商住楼、多功能大厦等。

居住建筑按层数分为：1～3 层为低层；4～6 层为多层；7～9 层为中高层；10 层以上为高层。公共建筑及综合建筑高度超过 24 m 称为高层（不包括高度超过 24 m 的单层主体建筑）。建筑物高度超过 100 m 时，不论是居住建筑或公共建筑均为超高层。

民用建筑按其主体承重结构用料不同，主要分为砖混结构（图 1-1）和框架、框架—剪力墙结构（图 1-2）。砖混结构是指墙体用砖砌体，楼板用钢筋混凝土板。框架结构是指由柱与梁组成的立体骨架作为主要承重结构。一般低层、多层的居住建筑采用砖混结构，高层的民用建筑则采用框架结构或框架—剪力墙结构。

民用建筑按其主要部位划分为地基与基础、主体、楼地面、门窗、装饰、屋面等工程。

地基是指承受建筑物荷载的土层，有天然地基与人工地基。人工地基包括夯实地基、强夯地基、挤密桩、灌注桩、打压桩等。

基础是指建筑物最下部埋入地基土内的结构，按其使用材料有砖基础、石基础、钢筋混凝土基础等，按其型式有条形基础、独立基础、筏板基础等。

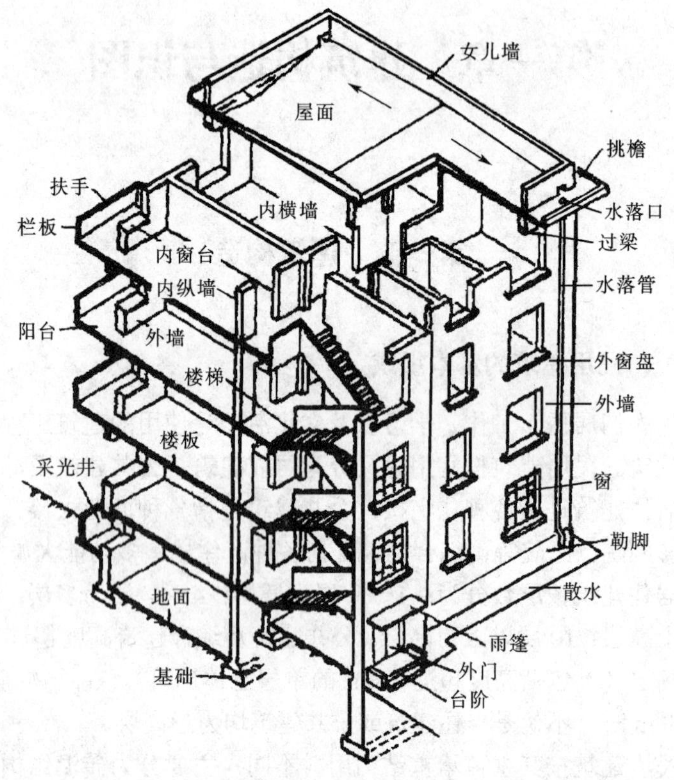

图 1-1　砖混结构民用建筑基本组成

主体包括墙体、柱、梁（或框架）、楼板、楼梯等。墙体按其所在位置分为外墙与内墙；按其承受荷载情况分为承重墙与非承重墙；按其所用材料有砖墙、石墙、钢筋混凝土墙等。柱按其所用材料有砖柱、钢筋混凝土柱等。梁有主梁、次梁、圈梁、过梁之分，用钢筋混凝土制作。过梁尚有钢筋砖过梁。由柱和梁构成的框架，则采用钢筋混凝土或钢材制作。楼板（屋面板）有现浇混凝土板和预制装配钢筋混凝土板。现浇混凝土板跨度大时应有主梁和次梁。各层间的楼梯一般采用现浇钢筋混凝土制作。

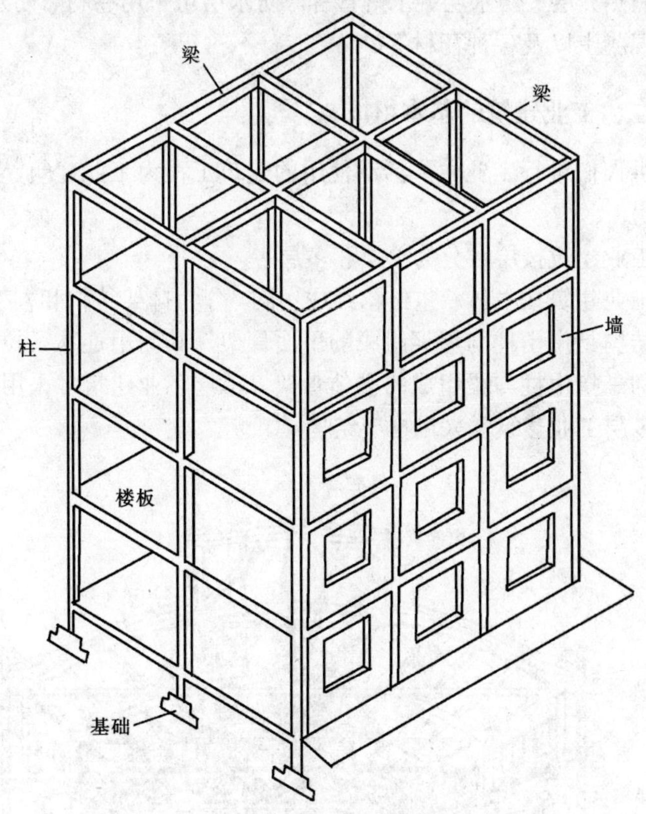

图 1-2　框架结构民用建筑基本组成

楼地面是指楼板或垫层上面的饰面层，按其施工方法有整体面层、板块面层、木面层等。建筑物周围的散水、台阶等也属于楼地面范畴。

门窗包括各种材料制作的门和窗。位于外墙的门窗称为外门或外窗，位于内墙的门窗则称为内门或内窗。门与窗连在一起的则称为连窗门。

装饰包括抹灰、涂料、玻璃、裱糊、饰面、顶棚、隔墙、花饰等。

屋面是指屋面板以上的保温、防水部分，包括屋面找平层、保温（隔热）层、防水层、水落管等。防水层可采用卷材、防水涂料、细石混凝土以及各种瓦材等。

二、工业建筑的基本组成

供人们进行工业生产活动使用的建筑工程为工业建筑，又称工业厂房。

工业建筑按层数分为单层和多层。

工业建筑按主体承重结构组成不同，分为排架结构和框架结构。排架结构是指由柱与屋架组成的平面骨架，其间用连系梁拉结；框架结构是指由柱与梁组成的立体骨架。单层工业建筑多采用排架结构，多层工业建筑常采用框架结构。

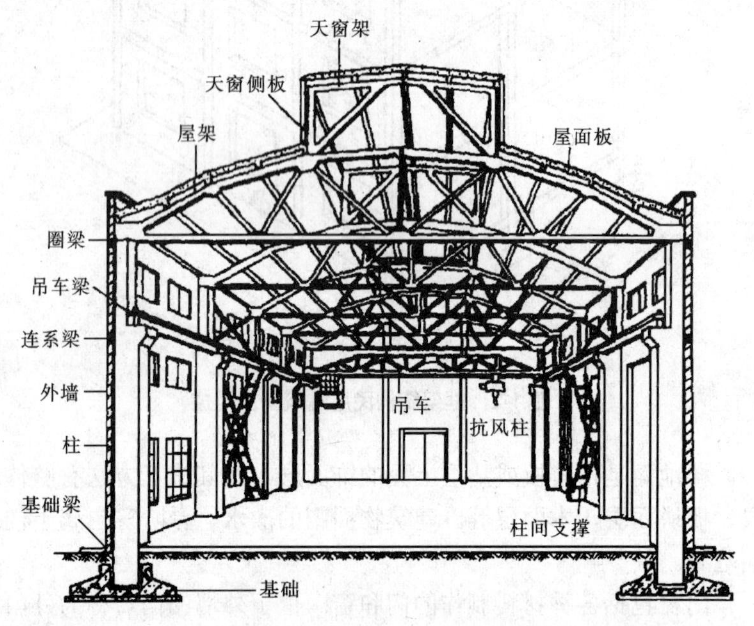

图 1-3　单层工业建筑基本组成

单层工业建筑按其主要部位划分为地基与基础、主体、地面、门窗、装饰、屋面等工程（图 1-3）。基础常采用钢筋混凝土杯型基础。主体包括柱、屋架、连系梁、吊车梁、基础梁、外墙、屋面板等，其中外墙为承自重结构，其他构件为承重结构。外墙可以采用砖墙、板墙等；柱、连系梁、吊车梁可采用钢筋混凝土或钢材制作，基础梁、屋面板则采用钢筋混凝土制作。门窗包括厂房大门、外墙侧窗、天窗等。装饰包括抹灰、涂料、玻璃、隔墙等。其他部分同民用建筑。

多层工业建筑按其主要部位划分为地基与基础、主体、楼地面、门窗、装饰、屋面等工程。其组成与多层框架结构民用建筑基本相同。

第二节　识图

一、施工图组成

施工图是指能够直接指导施工的设计图纸。施工图包括总平面图、建筑图、结构图、给水排水图、电气图、弱电图、采暖通风图、动力图等。

总平面图包括目录、设计说明、总平面布置图、竖向设计图、土方工程图、管道综合图、绿化布置图、详图及计算书等。

建筑图包括目录、首页（含设计说明）、平面图、立面图、剖面图、地沟平面图、详图及计算书等。

结构图包括目录、首页、基础平面图、结构布置图、基础详图、钢筋混凝土构件详图、节点构造详图、其他图（预埋件图、设备基础图、操作平台图等）及计算书等。钢屋架、钢支撑等另绘钢结构构件详图。

给水排水图分为室外给水排水图及室内给水排水图。室内给水排水图包括目录、设计说明、平面图、系统图、局部设施图、详图等。

电气图分为供电总平面图、变配电所图、电力图、电气照明图、自动控制与自动调节图、建筑物防雷保护图。电气照明图包括目录、设计说明、照明平面图、照明系统图、照明控制图、照明安装图等。

弱电图包括目录、设计说明、电话站设计图、广播、电视、火警、信号、通讯等设计图、计算书等。

采暖通风图包括目录、设计说明、采暖平面图、通风除尘平面图、空调平面图、制冷机房平面图、空调机房平面图及其相应的剖面图、系统图，以及各系统控制原理图、计算书等。

动力图包括目录，设计说明，区域总平面图、系统图，管道平、剖面布置图，管道横断面图，详图及计算书等。

二、图例、符号、代号

1. 图例

常用建筑材料应按表 1-1 所示图例。

表 1-1　常用建筑材料图例

序号	名称	图例	备注
1	自然土壤		包括各种自然土壤
2	夯实土壤		
3	砂、灰土		靠近轮廓线绘较密的点
4	砂砾石、碎砖三合土		
5	石材		
6	毛石		
7	普通砖		包括实心砖、多孔砖、砌块等砌体。断面较窄不易绘出图例线时，可涂红

序号	名称	图例	备注
8	耐火砖		包括耐酸砖等砌体
9	空心砖		指非承重砖砌体
10	饰面砖		包括铺地砖、马赛克、陶瓷锦砖、人造大理石等
11	焦渣、矿渣	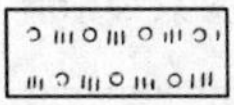	包括与水泥、石灰等混合而成的材料
12	混凝土	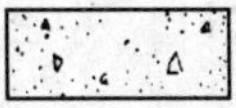	1．本图例指能承重的混凝土及钢筋混凝土 2．包括各种强度等级、骨料、添加剂的混凝土 3．在剖面图上画出钢筋时，不画图例线 4．断面图形小，不易画出图例线时，可涂黑
13	钢筋混凝土		
14	多孔材料		包括水泥珍珠岩、沥青珍珠岩、泡沫混凝土、非承重加气混凝土、软木、蛭石制品等
15	纤维材料	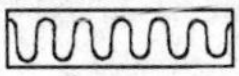	包括矿棉、岩棉、玻璃棉、麻丝、木丝板、纤维板等
16	泡沫塑料材料	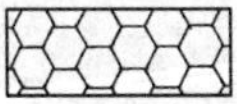	包括聚苯乙烯、聚乙烯、聚氨酯等多孔聚合物类材料
17	木材		1．上图为横断面，上左图为垫木、木砖或木龙骨 2．下图为纵断面
18	胶合板	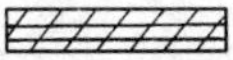	应注明为×层胶合板
19	石膏板	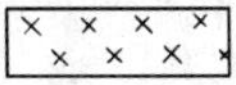	包括圆孔、方孔石膏板、防水石膏板等

序号	名称	图例	备注
20	金属		1. 包括各种金属 2. 图形小时，可涂黑
21	网状材料		1. 包括金属、塑料网状材料 2. 应注明具体材料名称
22	液体		应注明具体液体名称
23	玻璃		包括平板玻璃、磨砂玻璃、夹丝玻璃、钢化玻璃、中空玻璃、夹层玻璃、镀膜玻璃等
24	橡胶		
25	塑料		包括各种软、硬塑料及有机玻璃等
26	防水材料		构造层次多或比例大时，采用上面图例
27	粉刷		本图例采用较稀的点

注：序号 1、2、5、7、8、13、14、16、17、18、22、23 图例中的斜线、短斜线、交叉斜线等一律为 45°。

构造及配件应按表 1-2 所示图例。

表 1-2 构造及配件图例

序号	名称	图例	说明
1	墙体		应加注文字或填充图例表示墙体材料，在项目设计图纸说明中列材料图例表给予说明

序号	名称	图例	说明
2	隔断		1．包括板条抹灰、木制、石膏板、金属材料等隔断 2．适用于到顶与不到顶隔断
3	栏杆		
4	楼梯	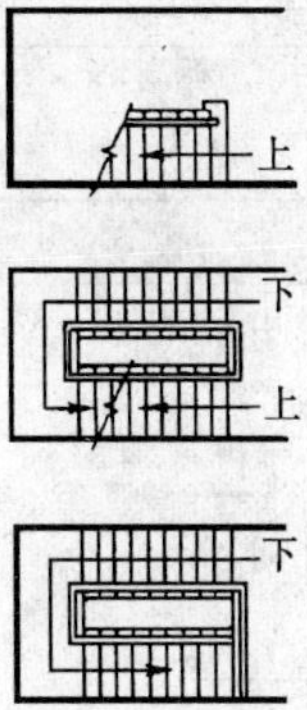 上 下 上 下	1．上图为底层楼梯平面，中图为中间层楼梯平面，下图为顶层楼梯平面 2．楼梯及栏杆扶手的形式和梯段踏步数应按实际情况绘制
5	坡道	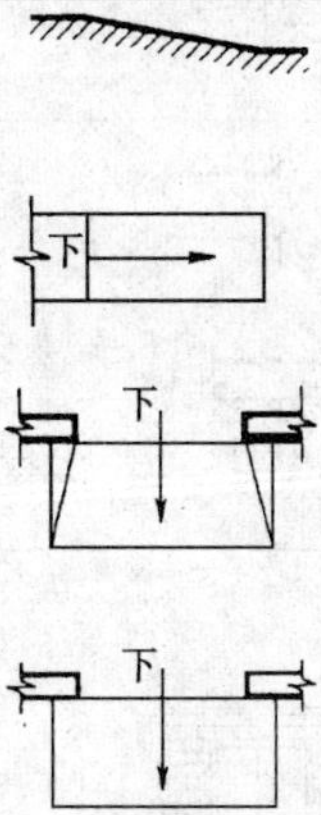 下 下 下	上图为长坡道，下图为门口坡道
6	平面高差	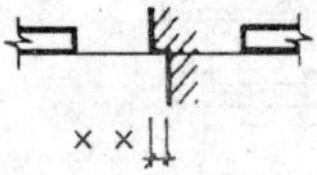 ××↓↓	适用于高差小于 100 的两个地面或楼面相接处

序号	名称	图例	说明
7	检查孔		左图为可见检查孔 右图为不可见检查孔
8	孔洞		阴影部分可以涂色代替
9	坑槽		
10	墙预留洞	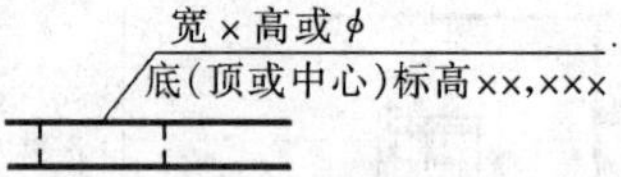 宽×高或ϕ 底(顶或中心)标高××,×××	1. 以洞中心或洞边定位 2. 宜以涂色区别墙体和留洞位置
11	墙预留槽	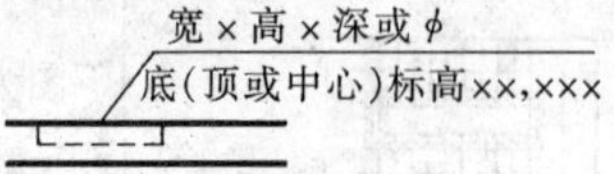 宽×高×深或ϕ 底(顶或中心)标高××,×××	
12	烟道	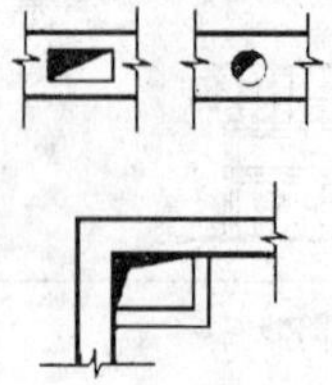	1. 阴影部分可以涂色代替 2. 烟道与墙体为同一材料，其相接处墙身线应断开
13	通风道	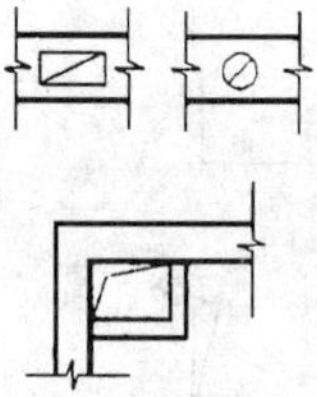	
14	新建的墙和窗	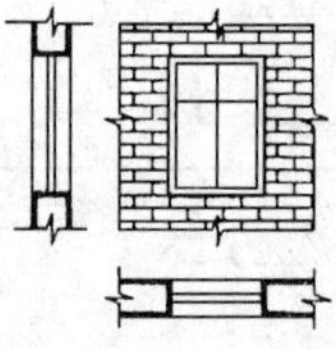	1. 本图以小型砌块为图例，绘图时应按所用材料的图例绘制，不易以图例绘制的，可在墙面上以文字或代号注明 2. 小比例绘图时平、剖面窗线可用单粗实线表示

序号	名称	图例	说明
15	改建时保留的原有墙和窗	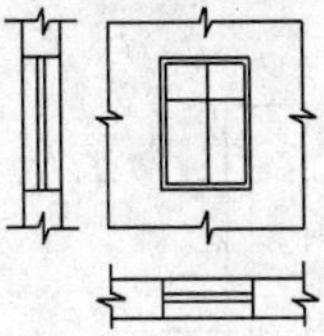	
16	应拆除的墙	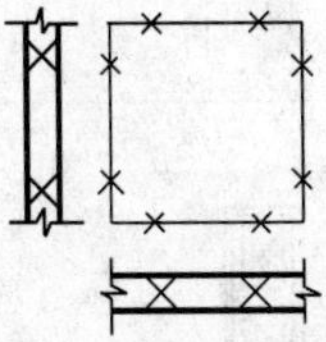	
17	在原有墙或楼板上新开的洞	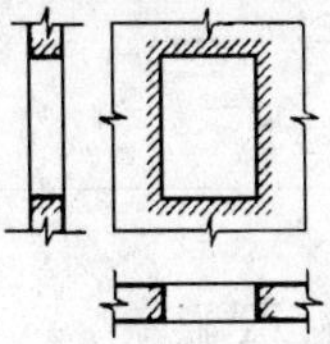	
18	在原有洞旁扩大的洞	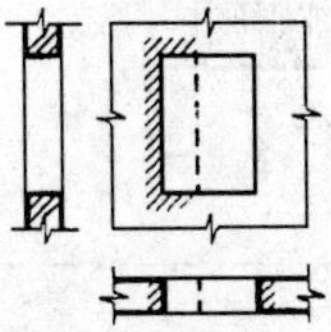	
19	在原有墙或楼板上全部填塞的洞	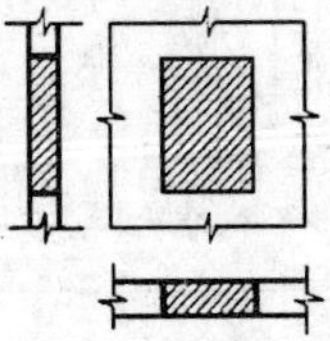	
20	在原有墙或楼板上局部填塞的洞	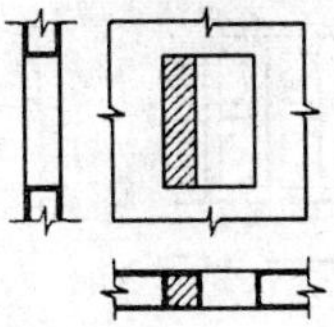	

序号	名称	图例	说明
21	空门洞	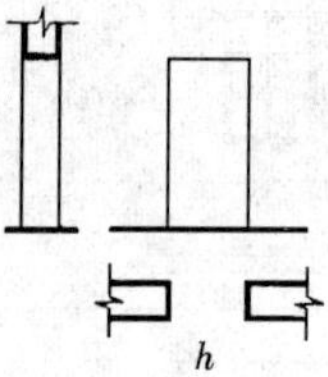 h	*h* 为门洞高度
22	单扇门（包括平开或单面弹簧）	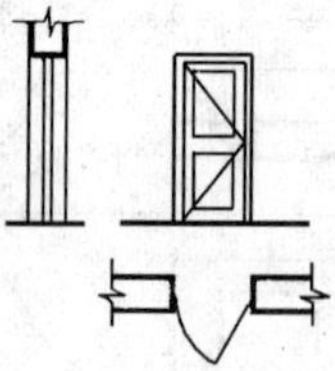	1．门的名称代号用 M 2．图例中剖面图左为外、右为内，平面图下为外、上为内 3．立面图上开启方向线交角的一侧为安装合页的一侧，实线为外开，虚线为内开 4．平面图上门线应 90°或 45°开启，开启弧线宜绘出 5．立面图上的开启线在一般设计图中可不表示，在详图及室内设计图上应表示 6．立面形式应按实际情况绘制
23	双扇门（包括平开或单面弹簧）	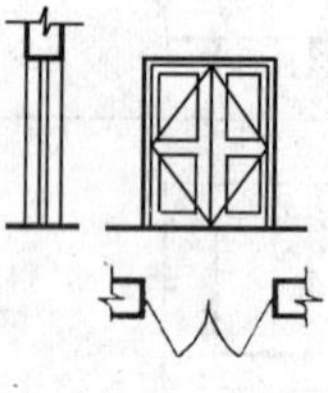	
24	对开折叠门	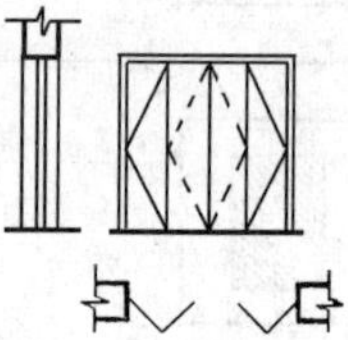	
25	推拉门	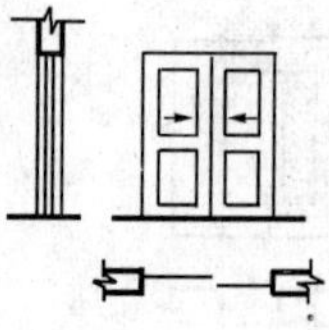	1．门的名称代号用 M 2．图例中剖面图左为外、右为内，平面图下为外、上为内 3．立面形式应按实际情况绘制

序号	名称	图例	说明
26	墙外单扇推拉门	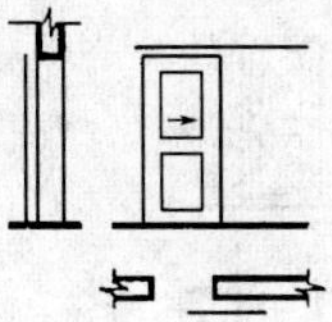	1. 门的名称代号用 M 2. 图例中剖面图左为外、右为内，平面图下为外、上为内 3. 立面形式应按实际情况绘制
27	墙外双扇推拉门	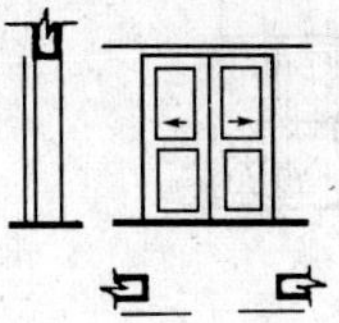	
28	墙中单扇推拉门	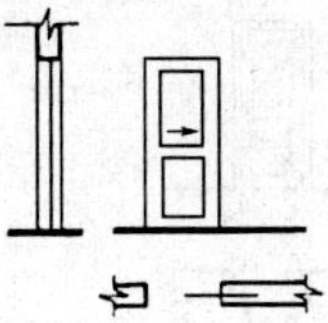	
29	墙中双扇推拉门	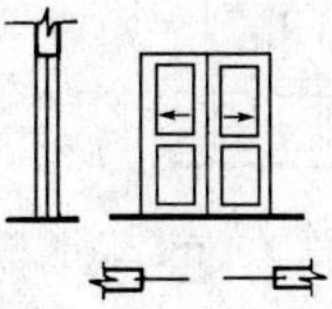	

序号	名称	图例	说明
30	单扇双面弹簧门	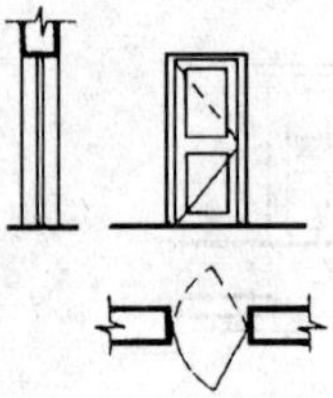	1．门的名称代号用 M 2．图例中剖面图左为外、右为内，平面图下为外、上为内 3．立面图上开启方向线交角的一侧为安装合页的一侧，实线为外开，虚线为内开 4．平面图上门线应 90°或 45°开启，开启弧线宜绘出 5．立面图上的开启线在一般设计图中可不表示，在详图及室内设计图上应表示 6．立面形式应按实际情况绘制
31	双扇双面弹簧门		
32	单扇内外开双层门(包括平开或单面弹簧）		
33	双扇内外开双层门(包括平开或单面弹簧）		

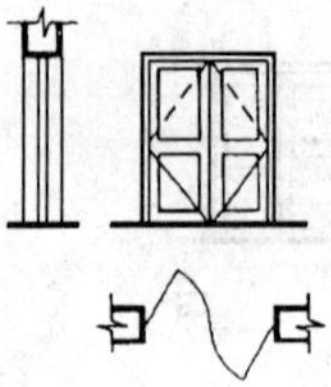

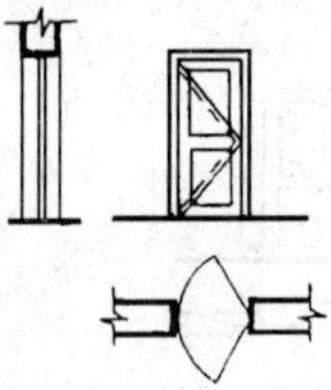

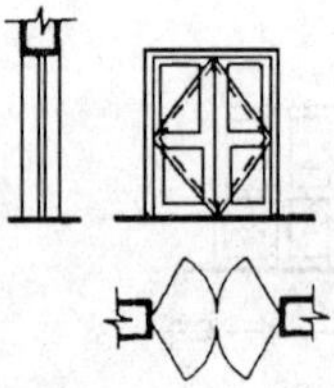

序号	名称	图例	说明
34	转门	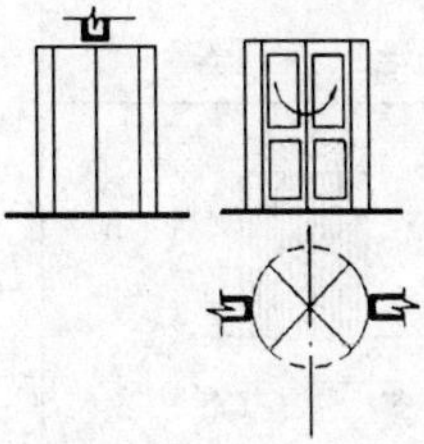	1．门的名称代号用 M 2．图例中剖面图左为外、右为内，平面图下为外、上为内 3．平面图上门线应 90°或 45°开启，开启弧线宜绘出 4．立面图上的开启线在一般设计图中可不表示，在详图及室内设计图上应表示 5．立面形式应按实际情况绘制
35	自动门	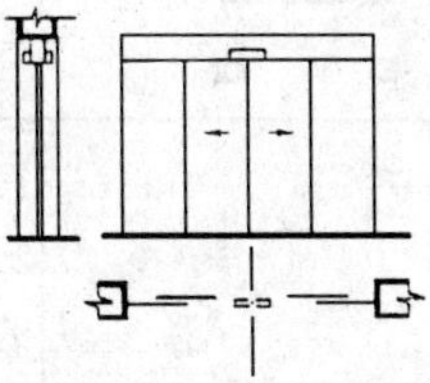	1．门的名称代号用 M 2．图例中剖面图左为外、右为内，平面图下为外、上为内 3．立面形式应按实际情况绘制
36	折叠上翻门	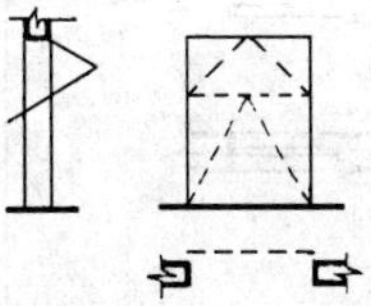	1．门的名称代号用 M 2．图例中剖面图左为外、右为内，平面图下为外、上为内 3. 立面图上开启方向线交角的一侧为安装合页的一侧，实线为外开，虚线为内开 4．立面形式应按实际情况绘制 5．立面图上的开启线设计图中应表示

序号	名称	图例	说明
37	竖向卷帘门	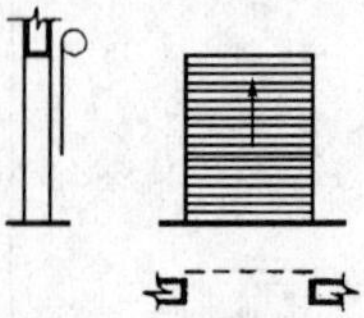	1. 门的名称代号用 M 2. 图例中剖面图左为外、右为内，平面图下为外、上为内 3. 立面形式应按实际情况绘制
38	横向卷帘门	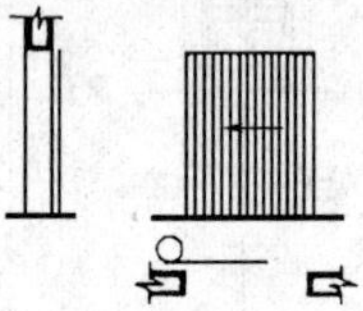	
39	提升门	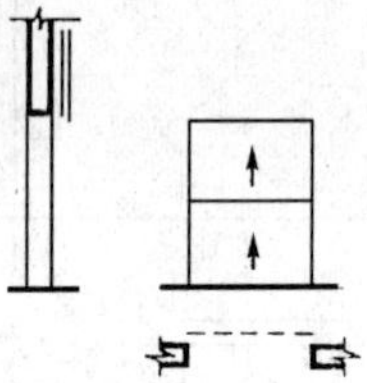	
40	单层固定窗	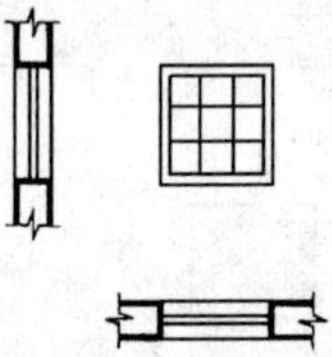	1. 窗的名称代号用 C 表示 2. 立面图中的斜线表示窗的开启方向，实线为外开，虚线为内开；开启方向线交角的一侧为安装合页的一侧，一般设计图中可不表示 3. 图例中，剖面图所示左为外，右为内，平面图所示下为外，上为内 4. 平面图和剖面图上的虚线仅说明开关方式，在设计图中不需表示 5. 窗的立面形式应按实际绘制 6. 小比例绘图时平、剖面的窗线可用单粗实线表示

序号	名称	图例	说明
41	单层外开上悬窗	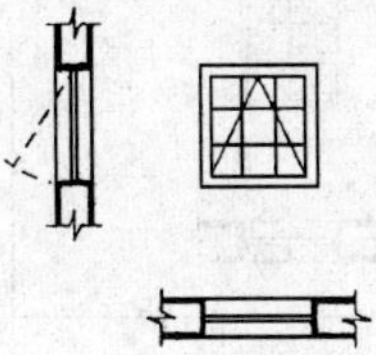	1．窗的名称代号用 C 表示 2．立面图中的斜线表示窗的开启方向，实线为外开，虚线为内开；开启方向线交角的一侧为安装合页的一侧，一般设计图中可不表示 3．图例中，剖面图所示左为外，右为内，平面图所示下为外，上为内 4．平面图和剖面图上的虚线仅说明开关方式，在设计图中不需表示 5．窗的立面形式应按实际绘制 6．小比例绘图时平、剖面的窗线可用单粗实线表示
42	单层中悬窗	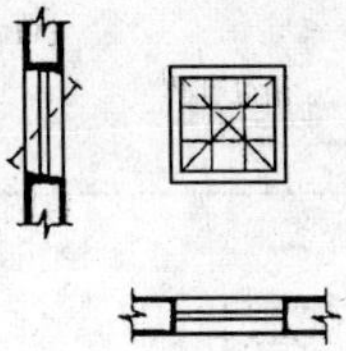	
43	单层内开下悬窗	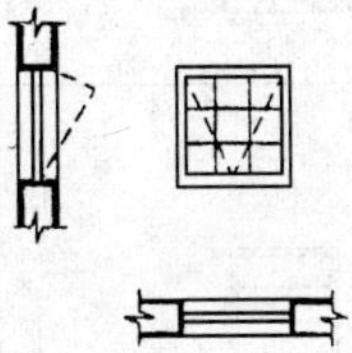	
44	立转窗	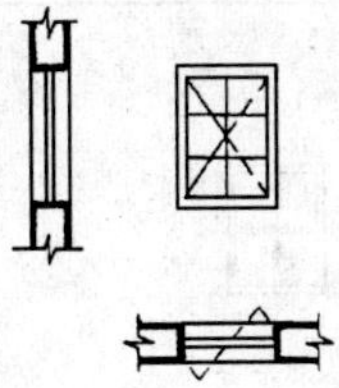	

序号	名称	图例	说明
45	单层外开平开窗	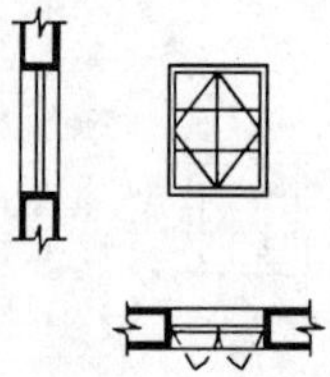	1. 窗的名称代号用 C 表示 2. 立面图中的斜线表示窗的开启方向，实线为外开，虚线为内开；开启方向线交角的一侧为安装合页的一侧，一般设计图中可不表示 3. 图例中，剖面图所示左为外，右为内，平面图所示下为外，上为内 4. 平面图和剖面图上的虚线仅说明开关方式，在设计图中不需表示 5. 窗的立面形式应按实际绘制 6. 小比例绘图时平、剖面的窗线可用单粗实线表示
46	单层内开平开窗	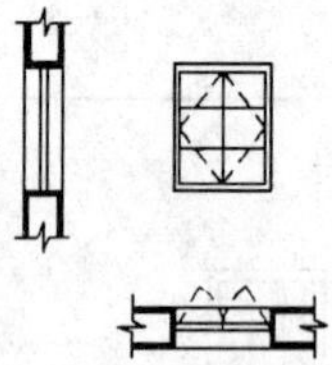	
47	双层内外开平开窗	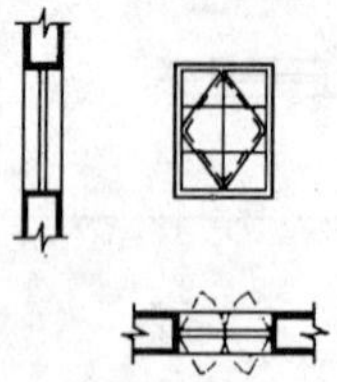	
48	推拉窗	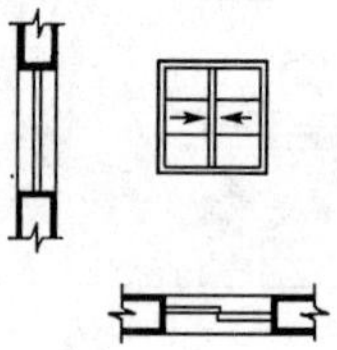	1. 窗的名称代号用 C 表示 2. 图例中，剖面图所示左为外，右为内，平面图所示下为外，上为内 3. 窗的立面形式应按实际绘制 4. 小比例绘图时平、剖面的窗线可用单粗实线表示
49	上推窗	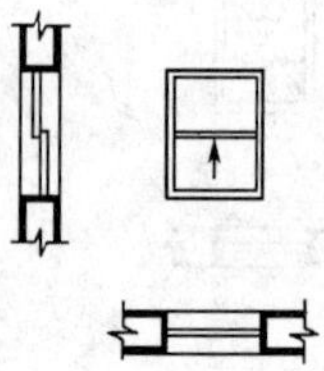	1. 窗的名称代号用 C 表示 2. 图例中，剖面图所示左为外，右为内，平面图所示下为外，上为内 3. 窗的立面形式应按实际绘制 4. 小比例绘图时平、剖面的窗线可用单粗实线表示

序号	名称	图例	说明
50	百叶窗	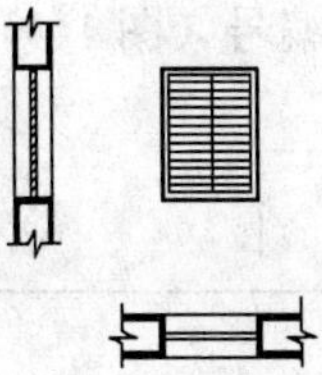	1. 窗的名称代号用 C 表示 2. 立面图中的斜线表示窗的开启方向，实线为外开，虚线为内开；开启方向线交角的一侧为安装合页的一侧，一般设计图中可不表示 3. 图例中，剖面图所示左为外，右为内，平面图所示下为外，上为内 4. 平面图和剖面图上的虚线仅说明开关方式，在设计图中不需表示 5. 窗的立面形式应按实际绘制
51	高窗	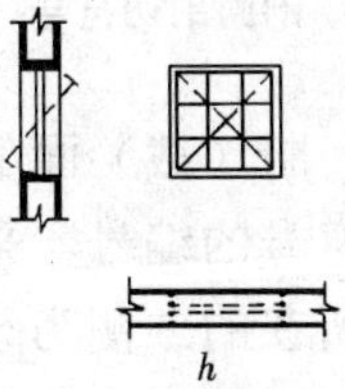 h	1. 窗的名称代号用 C 表示 2. 立面图中的斜线表示窗的开启方向，实线为外开，虚线为内开；开启方向线交角的一侧为安装合页的一侧，一般设计图中可不表示 3. 图例中，剖面图所示左为外，右为内，平面图所示下为外，上为内 4. 平面图和剖面图上的虚线仅说明开关方式，在设计图中不需表示 5. 窗的立面形式应按实际绘制 6. h 为窗底距本层楼地面的高度

2．符号

（1）剖切符号：

①剖面剖切符号：剖面剖切符号是由位置及剖视方向线组成。剖面剖切符号的编号，采用阿拉伯数字，注写在剖视方向线的端部。需要转折的剖切为直线，在转折处如与其他图线发生混淆，应在转角的外侧加注与该符号相同的编号（图 1-4）。

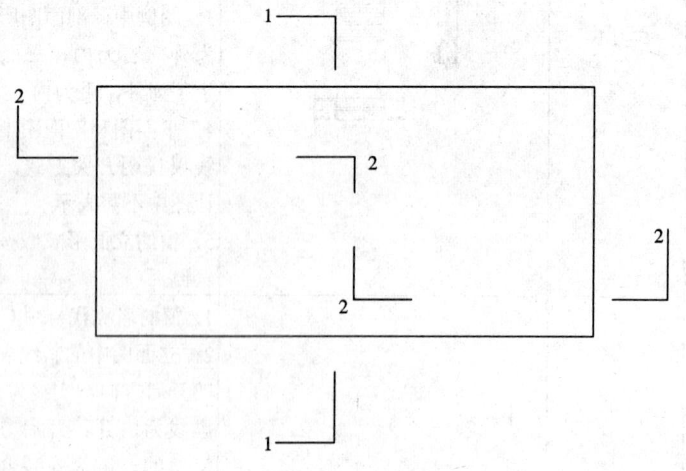

图 1-4　剖面剖切符号

②断（截）面剖切符号：断（截）面剖切符号，只用剖切位置线表示。断（截）面剖切符号的编号，采用阿拉伯数字，注写在剖切位置线的一侧，编号所在的一侧为该断（截）面的剖视方向（图 1-5）。

（2）索引符号：

图样中某一局部或构件，如需另见详图，应以索引符号索引，索引符号以圆圈表示。索引符号按下列规定编号：索引出的详图，如与被索引的图样在一张图纸内，在索引符号上画半圆用阿拉伯数字注明该详图编号，在下半圆中间画一段水平细实线；索引出的详图，如与被索引的详图不在同一张图纸内，应在索引符号的下半圆中用阿拉伯数字注名该详图所在图纸的图纸号；索引出的详图，如采用标准图，应在索引符号水平直径延长线上加注该标准图册的编号（图 1-6）。

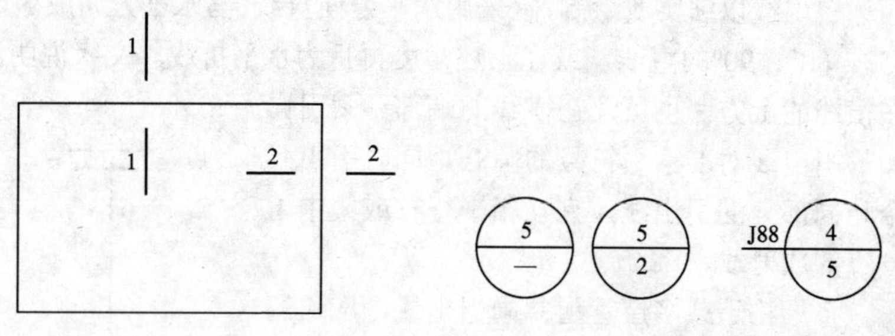

图 1-5　断（截）面剖切符号　　　**图 1-6　索引符号**

索引符号如用于索引剖面详图，应在被剖切的部位绘制剖切位置线，并以引出线引出索引符号，引出线所在一侧应为剖视方向（图 1-7）。

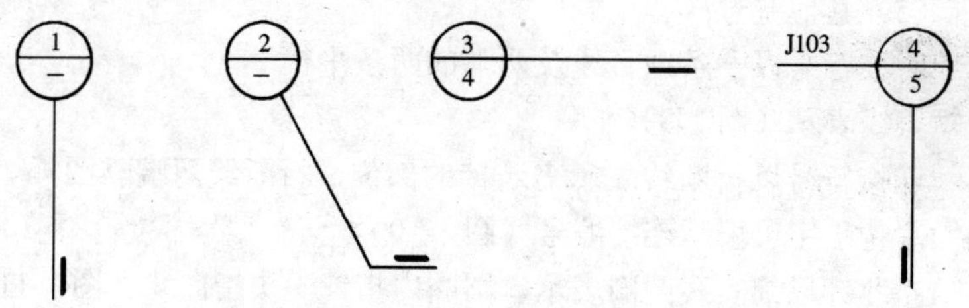

图 1-7　用于索引剖视详图的索引符号

（3）详图符号：

详图的位置和编号，以详图符号表示。详图符号为粗实线的圆圈。

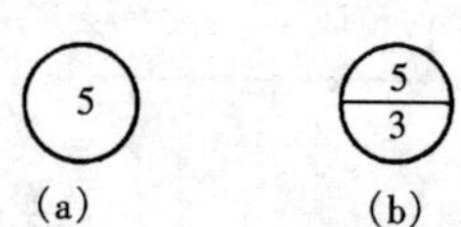

图 1-8　详图符号

详图应按下列规定编号：详图与被索引的图样同在一张图纸内时，应在详图符号内用阿拉伯数字注明详图编号（图 1-8（a））；详图与被索引的图样，如不在同一张图纸内，用细实线在详图符号内画一水平直径，在上半圆注明详图编号，在下半圆中注明被索引图纸的图纸号（图 1-8(b)）。

（4）引出线：

引出线以细实线绘制，宜采用水平方向直线、与水平方向成 30°、45°、60°、90°的直线，或经上述角度再折为水平折线。文字说明注在横线的上方，也可注在横线的端部。索引详图的引出线对准索引符号的圆心。同时引出几个相同部分的引出线，宜互相平行行或集中于一点的放射线。

多层构造或多层管道共同引出线，应通过被引出的各层。文字说明宜注在横线的上方，也可住在横线的端部，说明顺序应由上而下，并应与被说明的层次相互一致；如层次为横向排列，则由上而下的说明顺序应与左至右的层次相互一致。

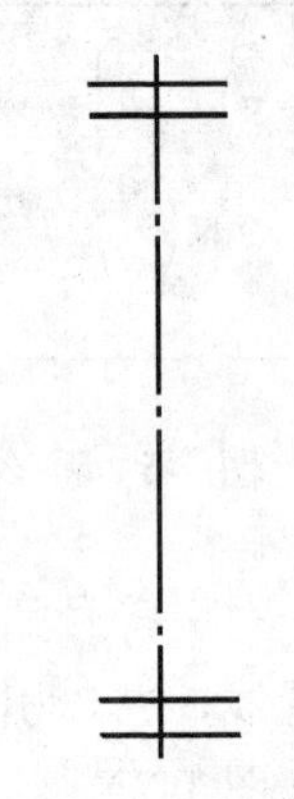

图 1-9　对称符号

（5）其他符号：

对称符号以一条细直线及两端的两条平行的短直线表示（图 1-9）。

连接符号以折断线表示需连接的部位，折断线两端靠图样一侧用大写拉丁字母表示连接编号（图 1-10）。

指北针以细实线圆圈表示，圆圈内指针尖头指向北（图 1-11）。

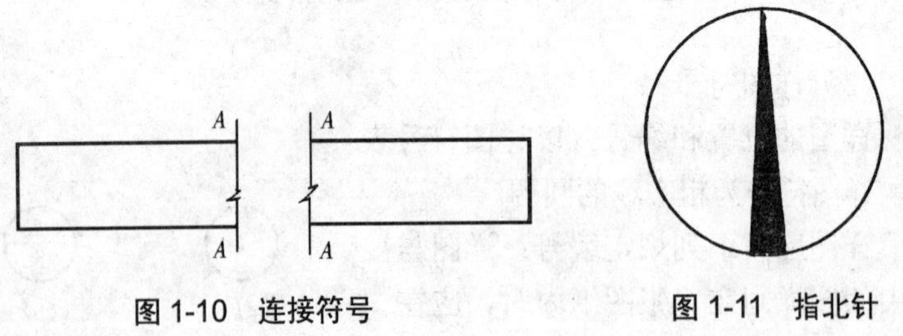

图 1-10　连接符号

图 1-11　指北针

3．代号（表 1-3）

表 1-3　常用构件代号

序号	名称	代号	序号	名称	代号
1	板	B	28	屋架	WJ
2	屋面板	WB	29	托架	TJ
3	空心板	KB	30	天窗架	CJ
4	槽形板	CB	31	框架	KJ
5	折板	ZB	32	刚架	GJ
6	密肋板	MB	33	支架	ZJ
7	楼梯板	TB	34	柱	Z
8	盖板或沟盖板	GB	35	框架柱	KZ
9	挡雨板或檐口板	YB	36	构造柱	GZ
10	吊车安全走道板	DB	37	承台	CT
11	墙板	QB	38	设备基础	SJ
12	天沟板	TGB	39	桩	ZH
13	梁	L	40	挡土墙	DQ
14	屋面梁	WL	41	地沟	DG
15	吊车梁	DL	42	柱间支撑	ZC
16	单轨吊车梁	DDL	43	垂直支撑	CC
17	轨道连接	DGL	44	水平支撑	SC
18	车挡	CD	45	梯	T
19	圈梁	QL	46	雨篷	YP
20	过梁	GL	47	阳台	YT
21	连系梁	LL	48	梁垫	LD
22	基础梁	JL	49	预埋件	M-
23	楼梯梁	TL	50	天窗端壁	TD
24	框架梁	KL	51	钢筋网	W
25	框支梁	KZL	52	钢筋骨架	G
26	屋面框架梁	WKL	53	基础	J
27	檩条	LT	54	暗柱	AZ

注：1．预制钢筋混凝土构件、现浇钢筋混凝土构件、钢构件和木构件，一般可直接采用本表中的构件代号。在绘图中，当需要区别上述构件的材料种类时，可在构件代号前加注材料代号，并在图纸中加以说明。

2．预应力钢筋混凝土构件的代号，应在构件代号前加注“Y-”，如 Y-DL 表示预应力钢筋混凝土吊车梁。

三、建筑平面图识读

某四层单元式住宅，其平面图应有四张，即各层都由一张平面图。本例举出其中的底层平面图及三层平面图，二、四层平面图基本上与三层平面图相同，只是楼梯平面稍有不同。

从底层平面图可以看出，该单元为一梯两户，各户三居室，一客厅、一卫、一厨。楼梯栽种兼备像。客厅及两卧室南向，一卧室及厨房北向，卫生间在南向卧室近旁。

门的代号为“M”。M—2 为户门；M—3 为卧室门；M—4 为厨房门；M—5 为卫生间门。

窗的代号为“C”，C—1 为客厅外窗；C—2 为卧室外窗；C—3 为厨房外窗；C—4 为卫生间外窗。

每道承重墙均有定位轴线标示，横向定位轴线从左向右由 1、2、3…、9；纵向定位轴线从下向上由 A、B、C……G。

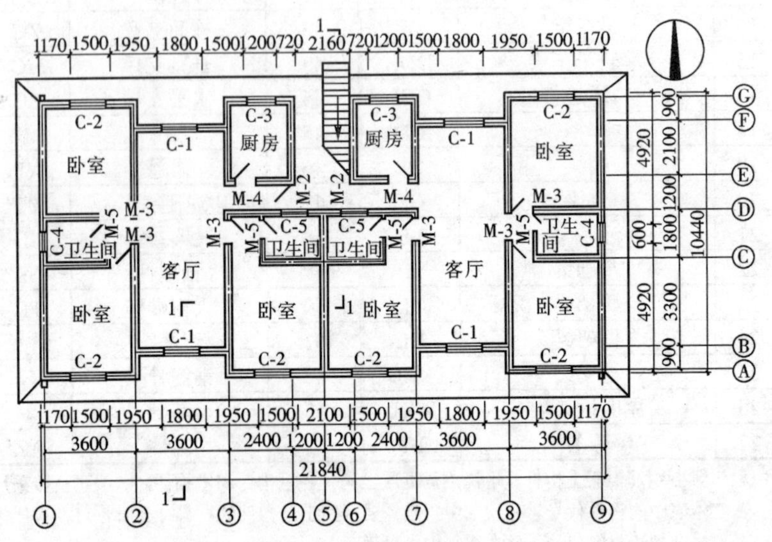

图 1-12 住宅底层平面图

在底层平面图下方及右侧各有三道尺寸线，第一道为门窗宽度及窗间墙宽度；第二道为定位轴线间距；第三道为外包尺寸。

在外墙周围还画出散水宽度。

在平面图上还有剖面剖切符号，从剖切符号指向去识读剖面图。

底层平面图的左下角画有指北针（图 1-12）。

三层平面图中各房间位置与底层平面图相同。其区别在于：客厅南向及北向右阳台，客厅到阳台有 M—1 推拉门；楼梯为双跑楼梯；上四楼或下二楼均有两个梯段；不画散水；三层平面图上方的尺寸线，标出窗宽及窗间墙宽，不画剖面剖切符号及指北针（图 1-13）。

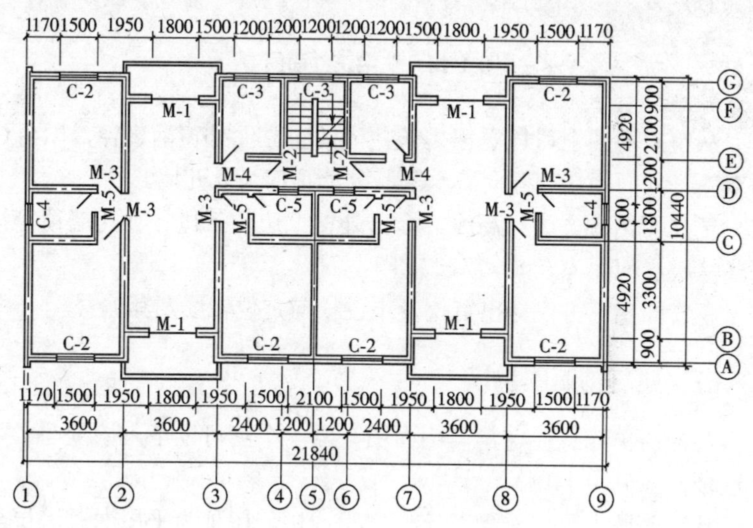

图 1-13　住宅三层平面图

四、立面图识读

某四层单元式住宅，其立面图应有三张，即正立面图、北立面图及侧立面图。本例举出其中的正立面图（图 1-14）。

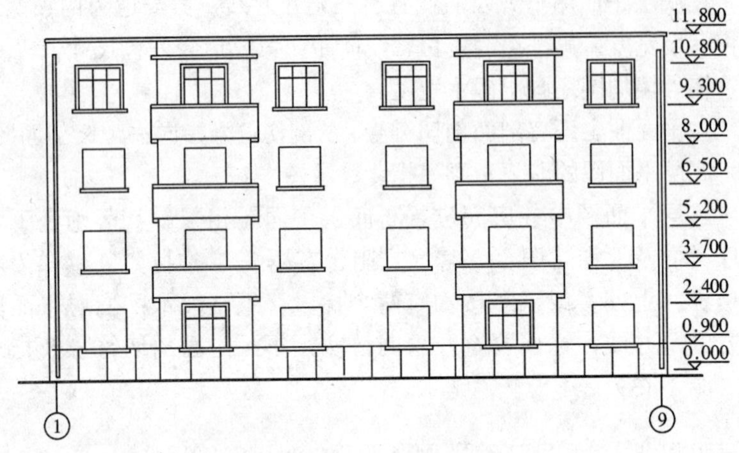

图 1-14 住宅正立面图

从正立面图上可以看出，该住宅的正立面外窗两扇窗，阳台门为双扇。立面两端有竖向落水落，外墙顶部为女儿墙。

正立面图右方为标高线，标出外窗上边及下边、女儿墙顶等标高（从底层地面为 0.000 算起）。

正立面图下方仅标出首位及末位横向定位轴线及其编号。

五、建筑剖面图识读

某四层单元式住宅，其剖面图只需一个就可以了，该剖面必须通过楼梯（见图 1-15）。

从剖面图上可以看到，该住宅为四层，屋顶为平屋面。底层至二层为双跑楼梯，从二层至三层、三层至四层均为双跑楼梯。B 轴线外墙上，底层为外墙；二层以上有外窗。

剖面图左方及右方均有标高线，分别标出地层地面、各层楼面、门窗上下边、室外地面等标高（从地层地面为 0.000 算起）。

剖面图下方标出被剖切墙体的定位轴线及相距尺寸。

底层室内地面一下部分，在剖面图上是不表示的，另见基础或地下结构施工图。

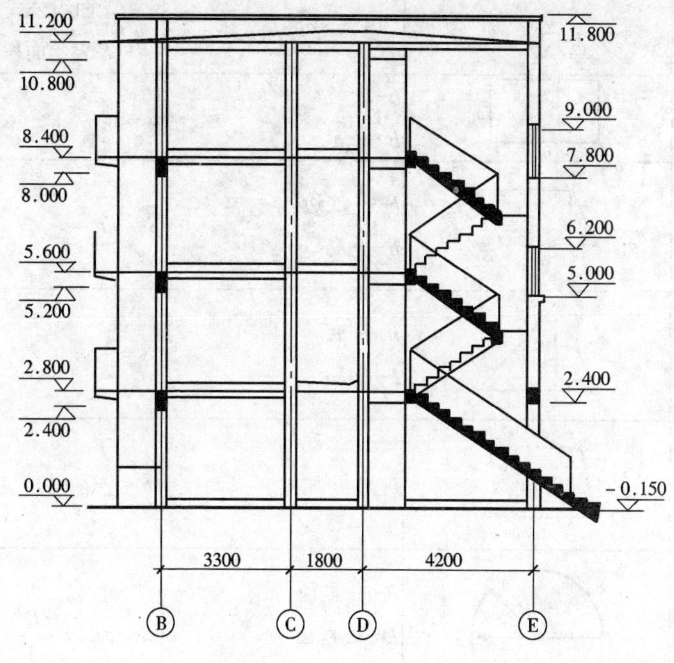

图 1-15 住宅剖面图

第三节 简单平面图形的面积

简单平面图形的面积见表 1-4。

表 1-4 简单平面图形的面积

名称	图形	字母意义	面积公式（S 表示面积）
正方形	（图：正方形，边长 a）	a——边长	$S=a^2$

名称	图形	字母意义	面积公式（S表示面积）
长方形	b a	a——长 b——宽	$S=ab$
平行四边形	h b	b——底边 h——高	$S=bh$
三角形	h b	b——底 h——高	$S=\frac{1}{2}bh$
梯形	a h b	a——上底 b——下底 h——高	$S=\frac{1}{2}(a+b)h$
圆	R D	R——半径 D——直径 π——圆周率	$S=\pi R^2=\frac{\pi D^2}{4}$
扇形	l $n°$ R	R——半径 $n°$——圆心角的度数 l——弧长	$S=\frac{n°}{360°}\pi R^2=\frac{1}{2}Rl$
弓形	l h α R b	l——弧长 R——半径 b——弓形的底 h——弓形的高 α——圆心角（弧度）	$S=\frac{1}{2}aR^2-\frac{b(R-h)}{2}$ $=\frac{1}{2}lR-\frac{b(R-h)}{2}$ 近似计算公式 $S=\frac{2}{3}bh+\frac{h^2}{2b}$

第四节　简单立体的表面积和体积

简单立体的表面积和体积见表 1-5。

表 1-5　简单立体的表面积和体积

名称	图形	字母意义	表面积、体积公式（S 表面积、V 体积）
正方体	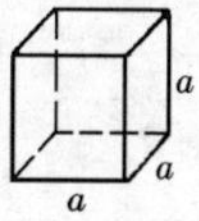	a——棱	$S=6a^2$ $V=a^3$
长方体	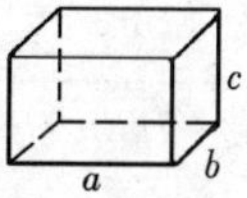	a——长 b——宽 c——高	$S=2（ab+bc+ac）$ $V=abc$
棱柱	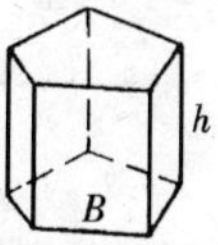	B——底面积 h——圆	$V=hB$
圆柱	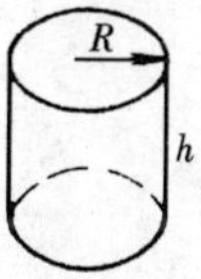	R——底圆半径 h——高	$S=2\pi R（h+R）$ $V=\pi R^2h$
棱锥	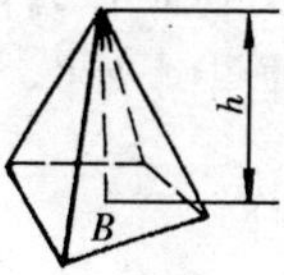	B——底面积 h——高	$V=\frac{1}{3}Bh$
圆锥	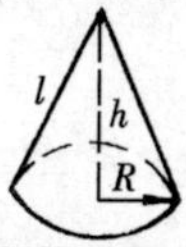	R——底圆半径 h——高 l——母线	$S=\pi R（l+R）$ $V=\frac{1}{3}\pi R^2h$

名称	图形	字母意义	表面积、体积公式 （S 表面积、V 体积）
棱台		B_1——上底面积 B_2——下底面积 h——高	$V=\frac{1}{3}h(B_1+B_2+\sqrt{B_1+B_2})$
圆台		r——上底半径 R——下底半径 l——母线 h——高	$S=\pi l（r+R）+\pi（r_2+R_2）$ $V=\frac{1}{3}\pi h(r^2+R^2+rR)$
球		R——球半球	$S=4\pi R_2$ $V=\frac{4}{3}\pi R^2$
球冠 球缺		R——球半径 h——球冠的高	$S_{球冠}=2\pi Rh$ $V_{球冠}=\pi h^2(R-\frac{h}{3})$

复习思考题

1. 简述民用建筑的基本组成。
2. 简述工业建筑的基本组成。
3. 简述施工图的组成。
4. 绘图符号常用的有哪些？各自的表示方法是什么？
5. 试着找一套图纸，熟悉基本组成、各种图例及平、立、剖面，达到识图的目的。

第二章　抹灰材料

一般抹灰所用材料的品种、性能应符合设计要求。水泥的凝结时间和安定性复验应合格。砂浆的配合比应符合设计要求。

抹灰工程应分层进行。当抹灰总厚度大于或等于 35 mm 时，应采取加强措施。不同材料基体交接处表面的抹灰，应采取防止开裂的加强措施，当采用加强网时，加强网与各基体的搭接宽度不应小于 100 mm。

第一节　水泥

一、硅酸盐水泥、普通水泥

硅酸盐水泥是由硅酸盐水泥熟料、0%～5%石灰石或粒化高炉矿渣、适量石膏磨细制成的水硬性胶凝材料。

普通硅酸盐水泥（简称普通水泥）是由硅酸盐水泥熟料、6%～15%混合材料、适量石膏磨细制成的水硬性胶凝材料，代号 P·O。

硅酸盐水泥分：42.5、42.5R、52.5、52.5R、62.5、62.5R 六个强度等级。

普通水泥分为 32.5、32.5R、42.5、42.5R、52.5、52.5R 六个强度等级。

二、矿渣水泥、火山灰水泥、粉煤灰水泥

矿渣硅酸盐水泥（简称矿渣水泥）是由硅酸盐水泥熟料和粒化高炉矿渣、适量石膏磨细制成的水硬性胶凝材料，代号 P·S。水泥中粒化高炉矿渣掺和量按重量百分比为 20%～70%。

火山灰质硅酸盐水泥（简称火山灰水泥）是由硅酸盐水泥熟料和火山灰质混合料、适量石膏磨细制成的水硬性胶凝材料，代号 P·P。水泥中火山灰质混合材料掺加量按重量百分比为 20%～50%。

粉煤灰硅酸盐水泥（简称粉煤灰水泥）是由硅酸盐水泥熟料和粉煤灰、适量石膏磨细制成的水硬性胶凝材料，代号 P·F。水泥中粉煤灰掺加量按重量百分比为 20%～40%。

矿渣水泥、火山灰水泥、粉煤灰水泥强度等级分为 32.5、32.5R、42.5、42.5R、52.5、52.5R 六个强度等级。

三、白色硅酸盐水泥

白色硅酸盐水泥（简称白色水泥）是由白色硅酸盐水泥熟料加入适量石膏，磨细制成的水硬性胶凝材料。

四、水泥贮存

水泥可以袋装或散装。袋装水泥每袋净重 50 kg，且不得少于标志重量的 98%；随机抽取 20 袋总质量不得少于 1 000 kg。其他包装形式由供需双方协商确定，但有关袋装质量要求，必须符合上述原则规定。

水泥在运输与储存时不得受潮和混入杂物，不同品种和强度等级的水泥应分别贮存，不得混杂。

水泥进场必须有出场合格证或进场实验报告，并应对其品种、强度等级、包装或散装仓号、出场日期等检查验收。

当对水泥质量有怀疑或水泥出场超过三个月，应复查试验，并按试验结果使用，不得擅自降低强度等级使用。

第二节　石灰、灰膏

一、建筑生石灰

建筑生石灰是以碳酸钙为主要成分的原料（如石灰岩、白云岩等），在低于烧结温度下煅烧而成的。

建筑生石灰按其化学成分分为钙质生石灰（氧化镁含量少于等于5%）、镁质生石灰（氧化镁含量大于等于5%）。

建筑生石灰按其品质分为优等品、一等品、合格品。各等级的技术指标应符合规定。

建筑生石灰应分类、分等，贮存在干燥的仓库内，不易长期贮存。

二、建筑生石灰粉

建筑生石灰粉是以建筑生石灰为原料，经研磨制成的。

建筑生石灰粉按其化学成分分为优等品、一等品、合格品。

建筑生石灰粉应分类、分等，贮存在干燥的仓库内，不易长期贮存。

三、建筑消石灰粉

建筑消石灰粉是以建筑生石灰为原料，经水化和加工制成的。

建筑消石灰按其化学成分分为钙质消石灰粉（氧化镁含量小于4%）、镁质消石灰粉（氧化镁含量等于或大于 4%到小于 24%）、白云石消石灰粉（氧化镁含量等于或大于24%到小于30%）。建筑消石灰粉按其品质分为优等品、一等品、合格品。优等品、一等品适用于饰面层和中间层涂层；合格品用于砌筑。

建筑消石灰粉应按类别、等级分别贮存，贮存期不易过长。

四、建筑石膏

建筑石膏是以天然石膏石制得的，其主要成分为β半水石膏，不加任何外加剂，呈粉末状。

建筑石膏的初凝时间应不小于 6 min；终凝时间应不大于30 min。

建筑石膏一般采用袋装。

建筑石膏应按不同等级分别贮存，不得混杂，贮存时间不得受潮和混入杂物。

建筑石膏自生产之日算起，贮存期为三个月。三个月后应重新进行质量检验，以确定其等级。

建筑石膏主要用于制作石膏建筑制品。

第三节　骨料

一、天然砂

由天然条件作用而成的，粒径在 5 mm 以下的岩石颗粒，称为天然砂。

天然砂按其产源可分为河砂、海砂和山砂。

天然砂按其细度模数或平均粒径分为粗砂、中砂和细砂。

天然砂的含泥量（砂中所含粒径小于 0.08 mm 的尘屑、淤泥和黏土的总量）应不大于 3%。

二、石英砂

石英砂有天然石英砂、人造石英砂和机制石英砂三种。石英砂按其颗粒大小分为粗砂、中砂、细砂。石英砂主要配置耐腐蚀砂浆。

三、砾石

砾石又称卵石，是由岩石在天然条件作用而形成的，粒径大于 5 mm。

砾石的含泥量（石中所含粒径小于 0.08 mm 的尘屑、淤泥和黏土的总量）应不大于 2%。

抹灰工程中所用砾石的粒径为 5～10 mm，主要用于水刷石面层及楼地面细石混凝土面层等。

四、石粉

石粉有石英石粉、滑石粉、白云石粉、方解石、重晶石粉等。

石英石粉的主要成分是二氧化硅。

滑石粉主要成分是二氧化硅和氧化镁。

白云石粉主要成分是氧化钙和氧化镁。

方解石粉又称老粉、双飞粉、单飞粉，主要成分是碳酸钙。

重晶石粉主要成分是硫酸钡。

五、膨胀珍珠岩

膨胀珍珠岩是一种由酸性火山玻璃质熔岩（即珍珠岩矿石等），经过破碎、预热、焙烧而制成的具有多孔结构的粒状松散材料。在抹灰过程中主要用于配制保温砂浆（水泥珍珠岩砂浆）。

六、膨胀蛭石

膨胀蛭石是一种由蛭石经焙烧膨胀而制成的层状颗粒材料。在抹灰工程中主要用于配制保温砂浆（水泥蛭石浆）。

膨胀蛭石按其颗粒粒径及容重分为五级。

第四节　辅助材料

一、胶料

1．聚醋酸乙烯乳液

俗称白乳胶，是由44%的醋酸乙烯和4%的乙烯醇（分散剂），以及增韧剂、消泡剂、乳化剂等聚合而成，为乳白色稠厚液体，其含固量为 50±2%，pH 值为 4～6。可用水对稀，但稀释不易超过100%，不能用10℃以下的水对稀。

2．胶黏剂

胶黏剂应根据对接材料品种来选择。一般可选用建筑多用黏结剂、YJ建筑胶黏剂、4115胶黏剂、145建筑胶黏剂、高级建筑胶等，使用时必须遵守产品说明的各项要求。

二、其他材料

憎水剂一般采用甲基硅醇钠，为无色透明水溶液，固体含量为30%～33%，pH 值为 14。主要用于喷涂在饰面上，起防水、防风化和防污染的作用。

分散剂一般采用木质素磺酸钠，为棕色粉末，将其掺入聚合物水泥砂浆中，可减少用水量，并可以使水泥水化时产生氢氧化钙均匀分散，减轻析出于表面的趋势，能有效地克服面层颜色不均匀现象。

增韧剂一般采用羧甲基纤维素，为白色絮状物，易溶于水，使用时一般兑成 2%羧甲基纤维素溶液，将此溶液加入乳胶腻子中，能提高腻子黏结度作用。

纤维材料一般采用麻刀、纸筋或草秸。将少量纤维材料掺入抹灰砂浆中，使抹灰层提高抗拉强度，不易开裂，并增强抹灰层的弹性和耐火性。麻刀为细碎麻丝，要求坚韧、干燥，不含杂质，其长度不大于 30 mm。纸筋即粗草纸，有干纸筋和湿纸筋两种，干纸筋使用前必须浸泡。草秸一般将稻草、麦秸断成长度不大于 30 mm 的碎段，并经石灰水浸泡半个月后使用。

三、颜料

在抹灰砂浆中可掺加颜料，以改变砂浆所用材料的本色。颜料应用耐碱、耐光的矿物颜料及无机颜料。

复习思考题

1．常用的抹灰材料有哪些？

2．抹灰用水泥有哪几种？根据新的水泥强度等级标准，各种水泥的强度等级是如何划分的？

3．水泥的贮存应注意哪些问题？

第三章　抹灰砂浆

第一节　抹灰砂浆品种

砂浆是由胶结料、细骨料、水和其他辅料组成的，在建筑工程中起着黏结、衬垫和传递应力的作用。

用于墙面柱面、顶棚面和地面上抹平表面的砂浆称为抹灰砂浆，无细骨料者则称为抹灰灰浆。抹于墙柱面、顶棚面上的砂浆只起黏结、衬垫作用。抹于地面上的砂浆则起着黏结、衬垫和传递应力的作用。

抹灰砂浆的名称是以胶结料和细骨料的名称而定。

抹灰砂浆不能一次性抹于物面上，应分层抹灰，各层抹灰砂浆品种可有所不同。抹灰层一般分为底层、中层、面层，在中层与面层之间还可以增加结合层。

抹灰砂浆按其组成材料不同，可分为石灰砂浆、水泥砂浆、水泥石灰砂浆、聚合物水泥砂浆、膨胀珍珠岩水泥浆、水泥蛭石浆、水泥石子浆、麻刀石灰砂浆、水泥石英砂浆、麻刀石灰、纸锦石灰、石膏灰、水泥浆等。

第二节　抹灰砂浆配合比

抹灰砂浆的配比是指各组成材料的体积比，个别情况下也有用重量比。实际施工中，由于水泥、色石渣、石膏等体积不易测量，将其体积折算成重量计算。

抹灰砂浆的配合比由设计而定，多为经验配合比，不必进行换算，其中实际采用的水泥强度等级必须与设计水泥强度等级相符，不得低于设计强度等级，如高于设计水泥强度等级则造成水泥浪费，水泥强度等级不易高于 42.5。

第三节　抹灰砂浆的制备

一、砂浆制备机械

抹灰砂浆设备机械包括砂浆搅拌机、麻刀灰拌和机、淋灰机等。

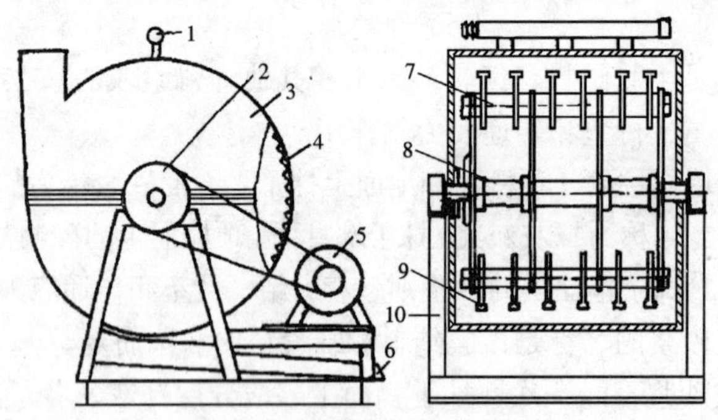

图 3-1　UL2 型淋灰机结构示意

1—水管；2—皮带轮；3—筒体；4—角钢；5—电动机；6—溜槽；7—甩轴；8—甩锤；9—主轴；10—机架

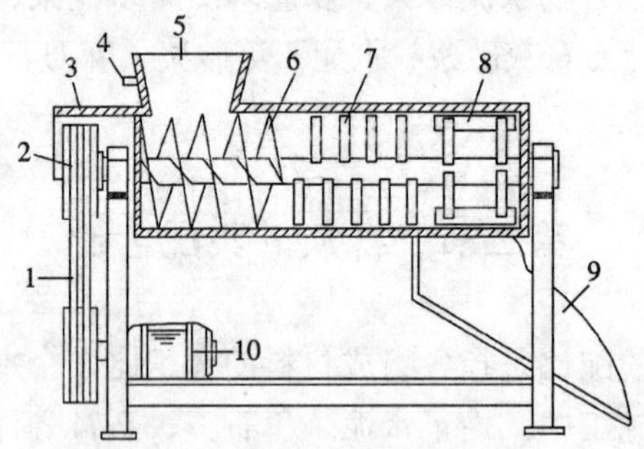

图 3-2　麻刀灰拌和机结构示意

1—皮带；2—皮带轮；3—防护罩；4—水管；5—进料斗；6—螺旋片；7—打灰板；8—刮灰板；9—出料斗；10—电动机

二、砂浆机械搅拌

抹灰砂浆应用砂浆搅拌机进行搅拌，也可以用出料容量为 150 L 或 200 L 的锥形翻转出料混凝土搅拌机进行搅拌。

砂浆搅拌机应安置在适当位置，使砂浆运送到各抹灰地点都比较方便。固定式搅拌机应有可靠的基础；移动式搅拌机应用方木或撑架固定，并保持水平。

砂浆搅拌机的铭牌上都有每次搅拌时间，搅拌到砂浆组成材料分布均匀，砂浆颜色一致，砂浆稠度合适为止，每盘砂浆搅拌时间不得少于 1.5 min。

每盘砂浆搅拌好后应立即卸出，把砂浆卸尽后才能进行下一盘加料及搅拌。

第四节　抹灰砂浆技术性能

抹灰砂浆要求有合适的稠度和良好的保水性。地面面层的抹灰砂浆还要求有足够的抗压强度。

砂浆的稠度是指砂浆使用时的稀稠程度，太稀的砂浆在抹灰时容易产生流淌现象；太稠的砂浆不易涂抹，难以摊铺均匀。砂浆的合适稠度是根据砂浆品种及施工方法而定。砂浆稠度测定使用稠度测定仪。

砂浆的保水性是指保全水分的能力。砂浆保水性不良，则砂浆在运输、贮存过程中容易发生泌水现象。

砂浆的保水性用分层度表示，分层度测定采用分层度测定仪。

第五节　抹灰砂浆使用要求

外墙抹灰前应先安装钢木门框、护栏等，并应将墙上的施工孔洞堵塞密实。堵孔要求在抹灰一周前进行，以保证堵孔材料的强度及自身收缩变形。

外墙和顶棚的抹灰层与基层之间及各抹灰层之间黏结必须牢固。无空鼓、裂缝。

抹灰工程应分层进行，每层厚度宜为 5～7 mm，抹石灰砂浆和水泥砂浆宜为 7～9 mm。用水泥砂浆和水泥混合砂浆抹灰时，应待前一抹灰层凝结后方可抹后一层，用石灰砂浆抹灰时，应待前一层其八成干后方可抹后一层。当抹灰总厚度大于或等于 35 mm 时，应采取加强措施。不同材料交接处表面的抹灰，应采取防止开裂的加强措施，当采用加强网时，加强网与各基体的搭接宽度不应小于 100 mm。加强网应绷紧，避免抹灰层回弹造成空鼓。

砂浆配合比应符合设计要求。水泥砂浆不得抹在石灰砂浆层上；罩面石膏灰不得抹在水泥砂浆层上。具体可按照设计要求或参照现行的标准图。

抹灰砂浆必须严格遵照设计，不同抹灰层的强度相差不能太大，面层砂浆强度不能大于底层砂浆强度，以避免抹灰层在凝结过程中产生较强的收缩应力，破坏强度较低的抹灰底层，产生空鼓、裂缝、脱落等质量问题。即底层的抹灰层强度不得低于面层的抹灰层强度。

抹灰凝结前应防止快干、水冲、撞击、振动和受冻，在凝结后应采取措施防止沾污和破坏，水泥砂浆抹灰层应在湿润条件下养护。

水泥砂浆抹好后，常温下 24 h 后应喷水养护；冬期施工，为防止砂浆受冻后停止水化，在层与层之间形成隔离层，造成空鼓，要求施工现场温度不低于 5℃。

复习思考题

1．简述抹灰砂浆的品种。

2．抹灰砂浆的配合比如何掌握？

3．机械搅拌砂浆应如何操作？

4．如何分析抹灰砂浆的技术性能？

5．简述抹灰砂浆的使用要求。

第四章　抹灰工程

第一节　材料质量要求

水泥：宜用硅酸盐水泥、普通硅酸盐水泥，也可采用矿渣硅酸盐水泥或火山灰硅酸盐水泥或粉煤灰硅酸盐水泥；彩色抹灰宜用白色硅酸盐水泥。

水泥的品种、强度等级应符合设计要求。出厂 3 个月后的水泥，应经试验后方能使用，受潮后结块的水泥应过筛试验后使用。

石灰膏：石灰膏应用块状生石灰淋制。淋制时必须用孔径不大于 3 mm×3 mm 的筛过筛，并贮存在沉淀池中。抹灰用的石灰膏的熟化期不应少于 15 d；罩面用的磨细石灰粉的熟化期不应少于 3 d。

砂：砂应过筛，不得含有杂物。

石粒：石粒应耐光、坚硬，使用前必须冲洗干净。干粘石用的石粒应干燥。

膨胀珍珠岩：膨胀珍珠岩宜采用中级粗细粒径混合级配，堆积密度宜为 80～150 kg/m^3。

黏土、矿渣：黏土应选用洁净、不含杂质的亚黏土，并加水浸透。炉渣应过筛除去杂质，粒径不应大于 3 mm，并加水焖透。

纸筋、麻刀：纸筋应浸透、捣烂、洁净，罩面纸筋宜机碾磨细。麻刀应坚韧、干燥、不含杂物。其长度不得大于 30 mm。

颜料：应采用耐碱、耐光的矿物颜料。

第二节　抹灰基层处理

室内抹灰工程，应待上下水、煤气等管道安装后进行。抹灰前必须将管道穿越的墙洞和楼板洞填嵌密实。散热气和密集管道等背后的墙面抹灰，宜在散热气和管道安装前进行。

室外抹灰工程，应安装好钢木门窗框、阳台栏杆和预埋件等，并将墙上的脚手眼等孔洞堵塞密实。

抹灰前，应检查钢木门窗框位置是否正确，与墙连接是否牢固。连接处的缝隙应用水泥砂浆或水泥石灰浆分层嵌塞密实。

抹灰前，砖石、混凝土等基体表面的尘土、污垢和油渍等应清除干净，并洒水湿润。

为了使底层灰与墙体表面黏结牢固，在混凝土墙面抹灰前，宜在墙体表面上刷素水泥浆一道（内掺 3%～5%108 胶）或刷界面剂一道。不同材料接槎处，应设加强网，并绷紧牢固。加强网与各结构搭接宽度不应小于 100 mm。

第三节　抹灰手工工具

一、抹子

常用的抹子有以下几种：铁抹、压子、塑料抹、铁皮、阴角抹、木抹（木蟹）、圆角阴角抹、塑料阴角抹、阳角抹、圆角阳抹捋角器、小压子（见图 4-1）。

二、刷子

常用刷子有以下几种：鸡腿刷、长毛刷、猪鬃刷、钢丝刷、茅草刷（见图 4-2）。

三、尺子

常用的尺子有以下几种：刮杠（大杠）、八字靠尺（引条）、靠尺板、软刮尺、托线板、角尺、木折尺、钢卷尺、水平尺等（见图 4-3）。

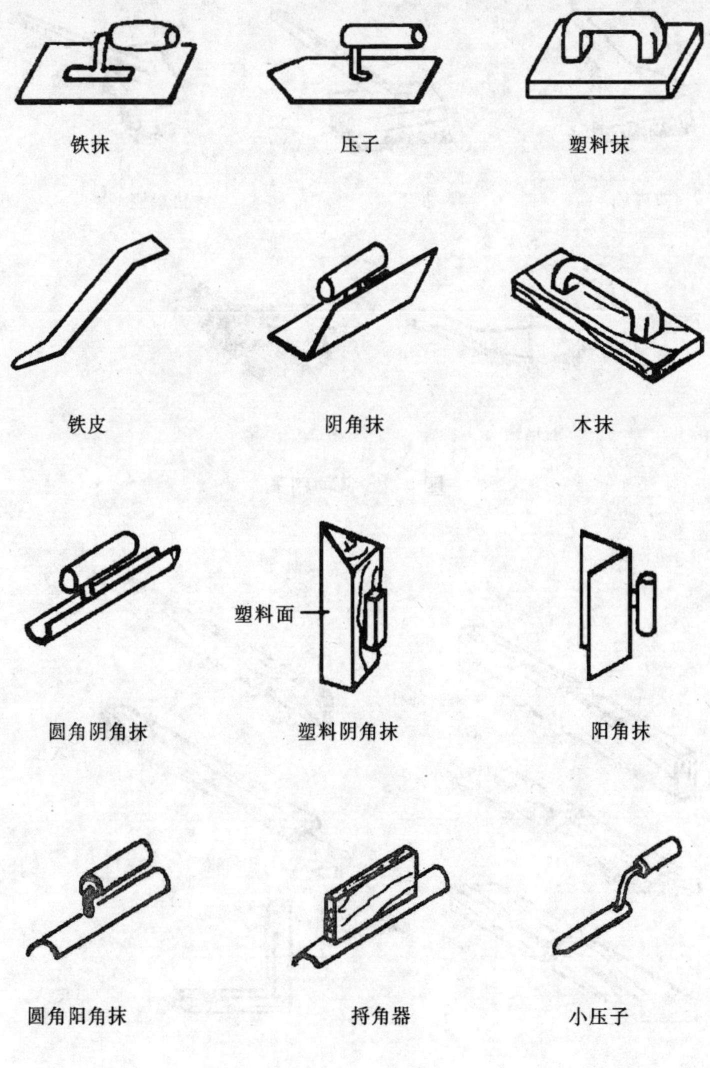

图 4-1　各种抹子

图 4-2　各种刷子

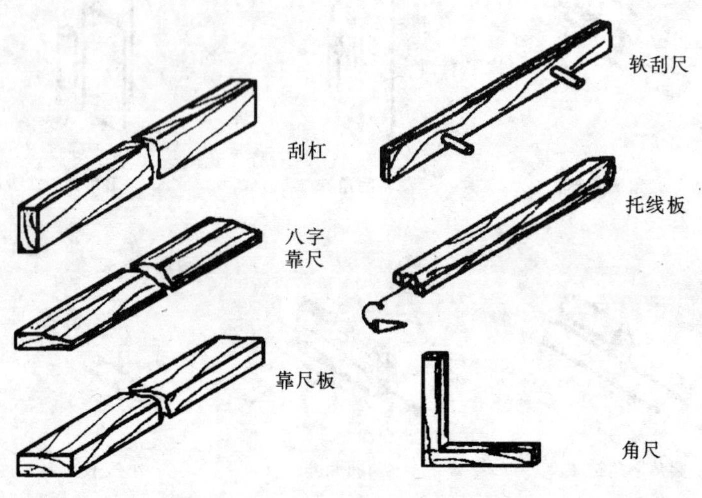

图 4-3　各种尺子

四、剁石斧

常用的剁石斧有以下几种：花锤、多刃斧、剁斧。

第四节　一般抹灰

一、一般抹灰等级与分层

一般抹灰包括石灰砂浆、水泥混合砂浆、水泥砂浆、聚合物水泥砂浆、水泥膨胀珍珠岩浆和麻刀石灰、纸筋石灰、石膏灰等抹灰。

一般抹灰按质量要求分为普通抹灰和高级抹灰，主要工序如下：

普通抹灰——分层赶平、修整、表面压光；

中级抹灰——阳角找方，设置标筋，分层赶平、修整，表面压光；

高级抹灰——阴阳角找方，设置标筋，分层赶平、修整，表面压光。

抹灰层是由底层灰、中层灰及面层灰组成。底层灰主要起与基底表面黏结作用，中层灰主要起找平作用，面层灰主要起装饰作用。

抹灰层平均总厚度，不得大于下列规定：

普通抹灰——18 mm；

中级抹灰——20 mm；

高级抹灰——25 mm。

涂抹水泥砂浆每遍厚度宜为 5～7 mm，涂抹石灰砂浆和水泥混合砂浆每遍厚度宜为 7～9 mm。

面层抹灰经赶平压实后的厚度，麻刀石灰不得大于 3 mm；纸筋石灰、石膏灰不得大于 2 mm。

纸筋石灰、麻刀石灰、石膏灰仅能作面层灰，宜做在水泥石灰砂浆、石灰砂浆、水泥膨胀珍珠岩浆的中层灰上。

水泥砂浆不得涂抹在石灰砂浆层上。

二、一般抹灰做法

墙面、顶棚的各层抹灰材料及其配合比应由设计而定，当设计无要求时，可参照以下各表的做法。

表 4-1　水泥砂浆墙面做法

墙面类别	墙体材料	总厚度/mm	底层灰	中层灰	面层灰
外墙面	砖墙	18	12 厚 1∶3 水泥砂浆		6 厚 1∶2.5 水泥砂浆
		25	10 厚 1∶3 水泥砂浆	9 厚 1∶3 水泥砂浆	6 厚 1∶2.5 水泥砂浆
	混凝土墙	16	10 厚 1∶3 水泥砂浆		6 厚 1∶2.5 水泥砂浆
		20	12 厚 1∶3 水泥砂浆		6 厚 1∶2.5 水泥砂浆
	加气混凝土墙	18	6 厚 2∶1∶8 水泥石灰砂浆	6 厚 1∶1∶6 水泥石灰砂浆	6 厚 1∶2.5 水泥砂浆
内墙面	砖墙	18	13 厚 1∶3 水泥砂浆		5 厚 1∶2.5 水泥砂浆
	混凝土墙	18	13 厚 1∶3 水泥砂浆		5 厚 1∶2.5 水泥砂浆
	加气混凝土墙	16	6 厚 2∶1∶8 水泥石灰砂浆	5 厚 1∶1∶6 水泥石灰砂浆	5 厚 1∶2.5 水泥砂浆

表 4-2　石灰砂浆墙面做法

墙面类别	墙体材料	总厚度/mm	底层灰	中层灰	面层灰
内墙面	砖墙	16	14 厚 1∶3 石灰砂浆		2 厚纸筋灰或麻刀灰
		18	10 厚 1∶3 石灰砂浆	6 厚 1∶3 石灰砂浆	2 厚纸筋灰或麻刀灰
		23	13 厚 1∶3 石灰砂浆	8 厚 1∶3 石灰砂浆	2 厚纸筋灰或麻刀灰
	混凝土墙	16	7 厚 1∶3∶9 水泥石灰砂浆	7 厚 1∶3 石灰砂浆	2 厚纸筋灰或麻刀灰
		21	11 厚 1∶3∶9 水泥石灰砂浆	8 厚 1∶3 石灰砂浆	2 厚纸筋灰或麻刀灰
	加气混凝土墙	18	8 厚 1∶3∶9 水泥石灰砂浆		2 厚纸筋灰或麻刀灰
		16	5 厚 1∶3∶9 水泥石灰砂浆	9 厚 1∶3 石灰砂浆	2 厚纸筋灰或麻刀灰
	钢丝网板条墙	18	16 厚 1∶3∶9 水泥石灰砂浆		2 厚纸筋灰或麻刀灰

表 4-3　水泥石灰砂浆墙面做法

墙面类别	墙体材料	总厚度/mm	底层灰	中层灰	面层灰
外墙面	砖墙	18	12 厚 1∶1∶6 水泥石灰砂浆		6 厚 1∶1∶4 水泥石灰砂浆
内墙面	砖墙	18	13 厚 1∶1∶6 水泥石灰砂浆		5 厚 1∶0.3∶2.5 水泥石灰砂浆
	混凝土墙	18	13 厚 1∶1∶6 水泥石灰砂浆		5 厚 1∶0.3∶2.5 水泥石灰砂浆
	加气混凝土墙	16	5 厚 1∶1∶6 水泥石灰砂浆	6 厚 1∶1∶6 水泥石灰砂浆	5 厚 1∶0.3∶2.5 水泥石灰砂浆

表 4-4　水泥膨胀珍珠岩浆墙面做法

墙面类别	墙体材料	总厚度/mm	底层灰	中层灰	面层灰
内墙面	砖墙	25	12 厚 1∶8 水泥膨胀珍珠岩	11 厚 1∶8 水泥膨胀珍珠岩	2 厚纸筋灰或麻刀灰
	混凝土墙	28	14 厚 1∶8 水泥膨胀珍珠岩	12 厚 1∶8 水泥膨胀珍珠岩	2 厚纸筋灰或麻刀灰

表 4-5　水泥砂浆墙裙做法

墙面类别	墙体材料	总厚度/mm	底层灰	中层灰	面层灰
外墙面	砖墙	20	15 厚 1∶3 水泥砂浆		5 厚 1∶3 水泥砂浆
		25	12 厚 1∶3 水泥砂浆	8 厚 1∶3 水泥砂浆	5 厚 1∶2.5 水泥砂浆
	混凝土墙	18	13 厚 1∶3 水泥砂浆		5 厚 1∶2.5 水泥砂浆
		23	10 厚 1∶3 水泥砂浆	8 厚 1∶3 水泥砂浆	5 厚 1∶2.5 水泥砂浆
	加气混凝土墙	12	7 厚 1∶3 水泥石灰砂浆		5 厚 1∶2.5 水泥砂浆
		18	5 厚 1∶3 水泥石灰砂浆	8 厚 1∶3∶6 水石灰泥砂浆	5 厚 1∶2.5 水泥砂浆

表 4-6　水泥砂浆墙裙做法

<table>
<tr><th>墙面类别</th><th>墙体材料</th><th>总厚度/mm</th><th>底层灰</th><th>中层灰</th><th>面层灰</th></tr>
<tr><td rowspan="6">内墙面</td><td rowspan="2">砖墙</td><td>18</td><td>13 厚 1∶3 水泥砂浆</td><td></td><td>5 厚 1∶2.5 水泥砂浆</td></tr>
<tr><td>23</td><td>11 厚 1∶3 水泥砂浆</td><td>7 厚 1∶3 水泥砂浆</td><td>5 厚 1∶2.5 水泥砂浆</td></tr>
<tr><td rowspan="2">混凝土墙</td><td>16</td><td>11 厚 1∶3 水泥砂浆</td><td></td><td>5 厚 1∶2.5 水泥砂浆</td></tr>
<tr><td>21</td><td>10 厚 1∶3 水泥砂浆</td><td>6 厚 1∶3 水泥砂浆</td><td>5 厚 1∶2.5 水泥砂浆</td></tr>
<tr><td rowspan="2">加气混凝土墙</td><td>10</td><td>5 厚 1∶3 水泥砂浆</td><td></td><td>5 厚 1∶2.5 水泥砂浆</td></tr>
<tr><td>16</td><td>5 厚 2∶1∶8 水泥石灰砂浆</td><td>6 厚 1∶1∶6 水泥石灰砂浆</td><td>5 厚 1∶2.5 水泥砂浆</td></tr>
</table>

表 4-7　顶棚抹灰做法

<table>
<tr><th>墙面类别</th><th>墙体材料</th><th>总厚度/mm</th><th>底层灰</th><th>中层灰</th><th>面层灰</th></tr>
<tr><td rowspan="2">喷顶棚涂料</td><td>预制混凝土</td><td>8</td><td>6 厚 1∶3∶9 水泥石灰砂浆</td><td></td><td>2 厚纸筋灰或麻刀灰</td></tr>
<tr><td>现制混凝土</td><td>10</td><td>2 厚 1∶0.5∶1 水泥石灰砂浆</td><td>6 厚 1∶3∶9 水泥石灰砂浆</td><td>2 厚纸筋灰或麻刀灰</td></tr>
<tr><td rowspan="2">喷顶棚涂料</td><td>预制混凝土</td><td>10</td><td>5 厚 1∶3 水泥砂浆</td><td></td><td>5 厚 1∶2.5 水泥砂浆</td></tr>
<tr><td>现制混凝土</td><td>10</td><td>5 厚 1∶3 水泥砂浆</td><td></td><td>5 厚 1∶2.5 水泥砂浆</td></tr>
<tr><td rowspan="2">刷无光油漆或乳胶漆</td><td>预制混凝土</td><td>10</td><td>5 厚 1∶0.3∶3 水泥石灰砂浆</td><td></td><td>5 厚 1∶0.3∶2.5 水泥石灰砂浆</td></tr>
<tr><td>现制混凝土</td><td>10</td><td>5 厚 1∶0.3∶3 水泥石灰砂浆</td><td></td><td>5 厚 1∶0.3∶2.5 水泥石灰砂浆</td></tr>
<tr><td>喷顶棚涂料</td><td>板条</td><td>10</td><td>3 厚水泥麻刀石灰及 1∶3 石灰砂浆</td><td>5 厚 1∶2.5 石灰砂浆</td><td>2 厚纸筋灰或麻刀灰</td></tr>
<tr><td>喷顶棚涂料</td><td>板条钢丝网</td><td>11</td><td>3 厚 1∶2∶1 水泥石灰砂浆 1∶0.5∶4 水泥石灰砂浆</td><td>6 厚 1∶3∶9 水泥石灰砂浆</td><td>2 厚纸筋或麻刀灰</td></tr>
</table>

对于外墙窗台、窗楣、雨篷、阳台、压顶和突出腰线等，宜用 1∶2.5 水泥砂浆抹面，上面应做流水坡度，下面应做滴水线或滴水槽，滴水槽的深度和宽度均不应少于 10 mm。

三、特种砂浆抹灰防水砂浆抹灰操作要点

防水砂浆抹灰操作要点:

（1）基层表面应平整、坚实、粗糙、清洁，刚性多层（五层式）水泥砂浆防水层要求表面充分湿润，无积水。掺有机硅防水剂、阳离子氯丁胶乳防水剂水泥砂浆和涂膜防水层，要求基层干燥。

（2）刚性多层防水层，在迎水面宜用五层交叉抹面做法，在背水面宜用四层交叉抹面法。

（3）掺外加剂的水泥砂浆防水层不论迎水面或被水面均需分两层铺抹，表面应压光，总厚度不应小于 20 mm。

（4）水泥砂浆的稠度宜控制在 70～80 mm，水泥砂浆应随伴随用。

（5）结构阴阳角处，均需做成圆角，圆弧半径一般阴角为 50 mm，阳角为 10 mm。

（6）防水层的施工缝需留斜坡阶梯形槎，并应依照层次操作顺序连续施工，层层搭接紧密。留槎的位置一般宜留在地面上，宜可在墙面上，但必须离开阴、阳角 200 mm 处。

四、护角

墙、柱面的阳角和门窗洞口的阳角，应用 1∶3 水泥砂浆打底与贴灰饼找平，用 1∶2 水泥砂浆做护角，护角高度从地面算起不小于 2 m，每侧宽度不小于 50 mm，应作成圆角。过梁底部要方正，门窗口护角做完后及时用水刷洗门窗框上的水泥浆。

五、做标志、标筋

抹灰工程，在抹底层灰之前应做标志、做纸筋。做标志俗称做塌饼，做标筋俗称做冲筋、出柱头。

做标志一般按下列步骤进行：

（1）用 2 m 直尺任意方向靠在墙面上，检查墙面平整度；用 2 m 长托线板垂直地靠墙面，检查墙面垂直度。

（2）在墙面上浇水使其湿润。

（3）在墙面上方阴角附近（约距顶棚及内墙 10 cm 处），用底层灰同样砂浆抹上一块 10 cm 见方的砂浆块，其表面要抹平。

（4）待已抹砂浆块稍干后，在其一侧钉上圆钉，在钉杆间系根准线，使准线与砂浆块表面相平。

（5）按照准线，在墙面上方每隔 1.5 m 左右再做若干砂浆块。

（6）待各砂浆块稍干后，在其上方钉上圆钉，在钉杆上挂个线锤吊下来，吊线与砂浆块面平。

（7）按照吊线，在墙面下方每隔 1.5 m 左右（与上方塌饼相对）再做若干砂浆块，此处砂浆块离踢脚上边约 10 cm 左右，砂浆块面与吊线平。

（8）砂浆块全部做完后，拔去圆钉。检查各砂浆块表面是否平整，不平的需及时修补。

待各砂浆块有七八成干时，即可做标筋，即在上下两砂浆块之间，用底层灰同样的砂浆抹成砂浆条（灰埂），其宽度同砂浆块，抹上砂浆后用刮尺在砂浆条面上来回搓动，使砂浆条与砂浆块一样平。

当墙面高度大于 3.5 m 时，标筋宜做成横向的，标筋间距约 1.5 m 左右，为此需要多做些标志（砂浆块），标志竖向间距约 1.5 m，标志横向间距不超过 2.5 m。

六、墙面抹灰

待标筋砂浆有七八成干后，就可以进底层砂浆抹灰。

抹底层灰可用托灰板（大板）盛砂浆，用力浆砂浆推抹到墙面上，一般应从上面下进行，在两标筋之间墙面上砂浆抹满后，即用长刮尺两头靠着标筋，从下面上进行刮灰，使抹上的底层灰与标筋面相平，再用木抹来回抹压。去高补低，最后再用铁抹压平一边。

中层砂浆抹灰应待水泥砂浆和水泥混合砂浆的底层灰凝结后或石灰砂浆底层灰七八层干后，方可进行。

中层砂浆抹灰时，应先在底层灰上洒水，待其收水后，即可将中层砂浆抹上去，一般应从上面下，自左向右涂抹，不用再做标志及标筋，整个墙面抹满后，用木抹来回搓抹，去高补低，再用铁抹压抹一遍，使抹灰层平整、厚度一致。

面层灰应待中层凝固后才进行。先在中层灰上洒水湿润，将面层砂浆（或灰浆）均匀地抹上去，一般应从上而下，自左向右涂抹整个墙面抹满后，即用铁抹分遍压抹，使面层灰平整、光滑，厚度一致。铁抹运行方向应注意：不要乱抹，最后一遍抹压宜是垂直方向，各分遍之间宜互相垂直抹压。墙面上部与墙面下部面层灰接槎处应压抹理顺，不留抹印。

七、阴阳角找方

两墙面相交的阴角、阳角抹灰方法，一般按下述步骤进行。

（1）用阴角方尺检查阴角的直角度；用阳角方尺检查阳角的直角度。用线锤检查阴角或阳角的垂直度。根据直角度及垂直度的误差，确定抹灰层多少厚薄。阴、阳角处洒水湿润。

（2）将底层灰抹于阴角处，用木阴角器压住抹灰层并上下搓动，使阴角处抹灰基本上达到直角。如靠近阴角处有已结硬的标筋，则木阴角器应沿着标筋上下搓动，基本搓平后，再用阴角抹上下抹压，使阴角线垂直。

（3）将底层灰抹于阳角处，用木阳角器压住抹灰层并上下搓动，使阳角处抹灰基本上达到直角。再用阳角抹上下抹压，使阳角线垂直。

（4）在阴角、阳角处底层灰凝结后，洒水湿润，将中层灰抹于阴角、阳角处，分别用阴角抹、阳角抹上下挤压，使中层灰达到平整。

（5）待阴角、阳角处中层灰凝结后，洒水湿润，将面层灰抹于阴角、阳角处，分别用阴角抹、阳角抹上下抹压，使面层灰达到平整光滑。

阴角找方应与墙面抹灰相配合进行，即墙面抹底层灰时，阴、阳角抹底层灰找方。

八、顶棚抹灰

钢筋混凝土楼板下的顶棚抹灰，应待上层楼板地面层完成后才进行。板条、金属网顶棚抹灰，应待板条、金属网装钉完成，并经检查合格后，方可进行。

顶棚抹灰不用做标志、做标筋，只要在顶棚四周的墙面弹出顶棚抹灰层的面层标高线，此标高线必须从地面量起，不可以从顶棚地向下量。

顶棚抹灰宜从房间里面开始，向门口进行，最后从门口退出。

顶棚抹灰应搭设满堂里脚手架。脚手板面至顶棚的距离宜操作方便为准。

抹底层灰前，应扫尽钢筋混凝土楼板底的浮灰、砂浆残渣，支除油污及隔离剂剩料。喷水湿润楼板底。

顶棚抹灰应待前一层灰凝结后才能抹后一层灰，不可紧接进行。顶棚面积较小时，整个顶棚抹上灰后再进行压平、压光；顶棚面积较大时，可分段分块进行抹灰、压平、压光，但结合处必须理顺；底层灰全部抹压后，才能抹中层灰，中层灰全部抹压后，才能抹面层灰，不可在某一分段内，底层灰、中层灰、面层灰抹好，再到其他段去抹灰。

九、扯灰线

灰线是指用抹灰砂浆（或灰浆）抹扯成的装饰线条，常见与墙、柱面与顶棚交角处，或顶棚上灯具周围。

十、一般抹灰质量缺陷预防及治理

一般抹灰的缺陷常见的有墙面抹灰层空鼓或裂缝，抹灰层起泡、开花、有抹纹，抹灰面不平整，阴阳角不垂直、不方正，顶棚面抹灰层空鼓、裂缝等。

对于抹灰层空鼓治理，应将其空鼓部分铲去，清理基层后，重新分层抹灰。

对于抹灰层裂缝治理，应沿裂缝方向凿去一定宽度的抹灰层，清理基层后，重新分层抹灰。

对于抹灰层起泡、开花、有抹纹治理，应将其有缺陷面层铲去，清理中层灰面后，重新抹面层灰。

对阴阳角不垂直、不方正的治理，要求不高的可不治理；要求较高的，应用方尺仔细检查一遍，用面层灰修补不平处，再用阴角抹或阳角抹抹压几遍（详见表 4-8）。

表 4-8　一般抹灰质量缺陷预防及治理

缺陷现象	产生原因	预防措施
砖墙、混凝土墙抹灰层空鼓、裂缝	1．基层清理不干净、浇水不透	1. 基层必须清理干净；提前浇水湿润
	2．抹灰砂浆和原材料质量低劣、使用不当	2. 选用质量合格的原材料，抹灰砂浆应按配合比进行配制
	3．基层偏差较大，一次抹灰层过厚	3．基层偏差大地方用水泥砂浆先找平，抹灰层应分层分遍涂抹，每层抹灰层的厚度不应超过设计规定
	4．门窗框两边填塞不严，木砖距离过大或木砖松动，引起门窗框出裂缝或空鼓	4. 门窗两侧墙内预埋木砖应牢固，每侧不少两块，木砖间距不大于 1.2 m。门窗框边缝隙应用砂浆填塞严密
加气混凝土墙抹灰层空鼓、裂缝	1．未进行表面处理	1. 抹底层灰前，应在墙面上涂刷胶水，以增强黏结力
	2．板缝中黏结砂浆不严	2．板缝中砂浆一定要填刮严密
	3．条板上口与顶棚黏结不严	3．条板上口事先要锯平，与顶棚粘牢
	4．条板下细石混凝土未凝固就拔掉木楔	4．条板下细石混凝土强度达到 75% 以上才能拔去木楔，木楔留下空隙要填塞细石混凝土
	5．墙体整体性和刚度较差	5．墙体避免受剧烈震动或冲击

缺陷现象	产生原因	预防措施
抹灰层的面层灰起泡、开花、有抹纹	1．抹完面层灰后、紧接进行压光 2．中层灰过于干燥，抹面层灰前对中层灰未浇水湿润 3. 面层灰用石灰膏熟化时间不够，未熟化石灰颗粒混入灰内抹灰后继续熟化，体积膨胀，引起面层灰表面炸裂、开花 4．抹压面层灰操作程序不对，使用工具不当	1. 抹瓦面层灰后，待其收水后，才进行面层灰压光 2. 抹面层灰时，中层灰约 5～6 成干，如太干应洒水湿润 3. 选用合格的石灰淋制石灰膏，并用 3 mm×3 mm 筛子过滤，石灰熟化应有足够时间 4. 遵守合理的操作程序，使用合适的抹压工具
抹灰面不平、阴阳角不垂直、不方正	1．抹底层灰前，做标志、标筋不认真 2．标筋未结硬，就抹底层灰，依着软的标筋上刮底层灰 3．阴、阳角处为找方检查就抹灰，用阴、阳角器扯平砂浆时不仔细，有歪斜处不及时修正	1. 做标志、做标筋一定要找平、找直、认真操作 2．待标筋砂浆有 7～8 成干时才能抹底层灰，依着标筋刮平底层灰 3. 阴阳角处应用方尺检查，显著不平处应事先填补，扯阴角器、阳角器时，最好依着标筋或靠尺，扯抹砂浆应随时检查阴、阳角方政，及时修整
混凝土顶棚抹灰层空鼓、裂缝	1．顶棚底清理不干净，抹灰前浇水不够 2．预制板板底安装不平 3．预制板排缝不匀、灌浆不密实 4．抹灰砂浆配合比不当	1．抹灰前，顶棚底必须清理干净，喷水湿润 2．预制板应坐浆铺设 3．预制板排缝应均匀、灌缝应密实 4．选用合适的砂浆配合比
钢板网顶棚抹灰层空鼓、开裂	1．底层灰中水泥比例大，抹灰层产生收缩变形，使顶棚受潮或钢板网锈蚀，引起抹灰层脱落 2．钢板网弹性变形，引起抹灰层开裂、脱壳 3．顶棚吊顶筋木材含水率过大，接头不紧密、起拱不准，造成抹灰层厚薄不匀，抹灰层较厚处宜发生空鼓、开裂	1. 底层灰中水泥比例应适当，底层灰与中层灰宜选用相同砂浆 2．钢板网一定要钉坚实 3. 木吊筋应选用干燥木材，吊筋与木龙骨务必钉牢。木顶棚的起拱值应准确，最大起拱值应在顶棚正中点。抹灰层应厚薄均匀

缺陷现象	产生原因	预防措施
板条顶棚抹灰层空鼓、开裂	1．顶棚所用木龙骨、板条等木材材质不好，含水率高 2．板条钉得不牢，板间缝隙不匀，板条端接头无缝隙，抹灰层与板条黏结不良 3．砂浆配合比不当和操作不妥	1．顶棚所用木龙骨、板条等应选用烘干或风干木材 2．板条应钉牢，板条件应留 7～10 mm 空隙。底层灰应垂直于板条长度方向抹压，使板条缝隙中有灰 3．选用合适的砂浆及操作方法

十一、一般抹灰质量标准

一般抹灰质量要求分为：普通抹灰和高级抹灰。当设计无要求时，按普通抹灰验收。

普通抹灰表面应光滑、洁净、接槎平整，分格缝应清晰。

高级抹灰表面应光滑、洁净、颜色均匀、无抹纹，分格缝和灰线应清晰美观。

护角、孔洞、槽、盒周围的抹灰表面应整齐、光滑；管道后面的抹灰表面应平整。

抹灰层的总厚度应符合设计要求；水泥砂浆不得抹在石灰砂浆层上；罩面石膏灰不得抹在水泥砂浆层上。

抹灰分格缝的设置应符合设计要求，宽度和深度应均匀，表面应光滑，棱角应整齐。

有排水要求的部位应做滴水线（槽）。滴水线（槽）应整齐顺直，滴水线应内高外低，滴水槽的宽度和深度均不应小于 10 mm。

一般抹灰工程质量的允许偏差和检验方法应符合表 4-9 的规定。

表 4-9　一般抹灰的允许偏差和检验方法

项次	项目	允许偏差/mm		检验方法
		普通抹灰	高级抹灰	
1	立面垂直度	4	3	用 2 m 垂直检测尺检查
2	表面平整度	4	3	用 2 m 靠尺和塞尺检查
3	阴阳角方正	4	3	用直角检测尺检查

项次	项目	允许偏差/mm		检验方法
		普通抹灰	高级抹灰	
4	分格条（缝）直线度	4	3	拉 5 m 线，不足 5 m 拉通线，用钢直尺检查
5	墙裙、勒脚上口直线度	4	3	拉 5 m 线，不足 5 m 拉通线，用钢直尺检查

注：① 普通抹灰、本表第 3 项阴角方正可不检查。

② 顶棚抹灰，本表第 2 项表面平整度可不检查，但应平顺。

第五节　装饰抹灰

一、水刷石

水刷石适用于装饰外墙面。抹灰层有底层灰、中层灰、面层灰等组成。

面层所用水泥为普通硅酸盐水泥或白色硅酸盐水泥；石子为色石碴或小豆石。

水刷石表面应石粒清晰、分布均匀、紧密平整、色泽一致，应无掉粒和接槎痕迹。

水刷石面层施工要点：

（1）待底层灰或中层灰凝固后，按墙面分格设计，在墙面上弹出分格线。

（2）用水湿润墙面，按分格线将木分格条用稠水泥浆粘在墙面上，木分格条应预先浸水，断面呈梯形，小面贴墙。

（3）待分格条粘牢后，在各个分格区内刮抹一道水灰比为 0.37～0.4 的水泥浆（可掺入 3%～5%水重的 107 胶），随即抹上拌和均匀的水泥石子浆。

（4）待水泥石子浆稍收水后，用铁抹将露出的石子尖楞轻轻拍平，然后用刷子沾水刷去表面浮浆，拍平压光一遍，再刷再压，这样做不少于三次，使石子大面朝外，表面排列均匀。

（5）待水泥石子浆凝结至手指按上去无痕，或刷子刷石不掉粒时，就可以进行水刷。水刷次序应由上而下。水装在有喷淋头的水壶中，喷头离墙面约 10～20 mm，边喷水边用刷子刷面层，一般喷洗到石子露出灰浆面 1～2 mm 为宜。喷水时如发现局部石子颗粒不均匀，应用铁抹轻轻拍压。最后用清水由上而下冲洗一遍，使水刷石面干净。

（6）如表面水泥浆已结硬，可使用 5%稀盐酸溶液洗刷，然后用清水冲洗。

（7）待水泥石子浆面层结硬后，起出木分格条用水泥砂浆（细砂）勾缝，宜勾凹缝。

二、水磨石

水磨石适用于装饰外墙勒脚或内墙裙。抹灰层有底层灰、结合层、面层等组成。面层所用水泥宜为普通硅酸盐水泥或硅酸盐水泥，水泥强度等级不低于 32.5。也可采用白水泥（内掺适量颜料）或彩色水泥。石子宜用白色大理石碴。

三、干粘石

干粘石适用于装饰外墙，但不得用于建筑物底层外墙面以及宜触摸部位（如墙裙、门洞、栏板等）。

干粘石按其施工方法不同，有手工干粘石和机喷干粘石。

干粘石表面应色泽一致、不漏浆、不漏粘，石粒应黏结牢固、分布均匀，阳角处应无明显黑边。

四、斩假石

斩假石又称剁斧石，适用于外墙面或柱面的装饰。斩假石抹灰层有底层灰、结合层、面层灰等组成。

面层灰中所用水泥为普通硅酸盐水泥或硅酸盐水泥，亦可用白色硅酸盐水泥，水泥强度等级宜不低于 32.5；所用石子为色石碴，粒径为 2～4 mm，可掺加 30%的石屑。

斩假石表面剁纹应均匀顺直、深浅一致，应无漏剁处；阳角处应横剁并留出宽窄一致的不剁边条，棱角应无损坏。

五、假面砖

假面砖又称仿面砖，适用于装饰外墙面，远看像贴面砖近看才是彩色砂浆抹灰层上分格。

假面砖抹灰层有底层灰、中层灰、面层灰组成。底层灰宜用 1∶3 水泥砂浆，中层灰宜用 1∶1 水泥砂浆；面层灰宜用 5∶1∶9 水泥石灰砂浆（水泥∶石灰膏∶细砂），按色彩需要掺入适量矿物颜料，成为彩色砂浆。面层灰厚 3～4 mm。

假面砖表面应平整、沟纹清晰、留缝整齐、色泽一致，应无掉角、脱皮、起砂等缺陷。

有排水要求的部位应做滴水线（槽）。滴水线（槽）应平整顺直，滴水线应内高外低，滴水槽的宽度均不应小于 10 mm。

六、拉毛抹灰

拉毛灰适用于装饰外墙面或内墙。拉毛灰按其面层灰材料不同，分为纸筋石灰拉毛、水泥石灰砂浆拉毛、水泥纸筋石灰拉毛等。

纸筋石灰拉毛的底层灰及中层灰均用 1∶0.5∶4 水泥石灰砂浆，面层灰用纸筋石灰。操作方法：先将中层灰洒水湿润，一人涂抹纸筋石灰，一人紧跟在后用硬毛鬃刷往墙面上垂直拍拉，拉出毛头，拍拉时要用力均匀，使毛头显露均匀、大小一致，拉毛长度决定纸筋石灰面层的厚度，一般为 4～20 mm，抹时应保持厚薄一致。

水泥石灰砂浆拉毛的底层灰及中层灰均用 1∶0.5∶4 水泥石灰砂浆，面层灰用 1∶0.5∶1 水泥石灰砂浆。操作方法：待中层灰有六七成干时，洒水湿润，刮一道水灰比为 0.37～0.4 的素水泥浆，随即抹上面层水泥石灰砂浆进行拉毛。拉毛用白麻缠成的圆形麻刷，其直径依拉毛疙瘩的大小而定，手持麻刷将面层砂浆一点一带，带出均匀一致的毛疙瘩。

水泥纸筋石灰浆拉毛的底层灰用 1∶3 水泥砂浆，面层灰用水泥石灰，掺加石灰膏重量3%的纸筋。拉粗毛时水泥石灰膏之体积比为1∶0.05；拉中等毛时水泥石灰膏之体积比为1∶0.1～0.2；拉细毛时水泥石灰膏之体积比为1∶0.25～0.3。操作方法：底层灰凝固后洒水湿润，抹上水泥石灰浆，随即拉毛。拉粗毛时，面层灰要抹4～5 mm厚，用铁抹轻触其表面用力拉回，要做到快慢一致；拉中等毛时可用铁抹或硬毛鬃刷粘着灰浆拉起；拉细毛时，灰浆中宜掺加适量细砂，用鬃刷粘着灰浆拉成花纹。在一个平面上拉毛，应避免中断留槎，已达到色泽一致不露底。

拉毛灰还可以做成条筋形拉毛。条筋形拉毛的底层用1∶1∶6水泥石灰砂浆，面层灰用1∶0.5∶1水泥石灰砂浆。操作方法：底层灰六七成干时，刮一道水灰比为0.37～0.4的水泥砂浆，然后抹上面层灰，随即用硬毛鬃刷成细毛面。刷条筋前，先在细毛面上每隔400 mm左右弹一条垂直线，作为刷条筋依据。然后用特制鬃刷蘸上1∶1水泥石灰浆，依着垂直线从上而下刷浆，刷浆面应凸出细毛面2～3 mm。条筋宽度约20 mm，净距约30 mm。条筋宽窄不要太一致，应自然带点毛边，条筋之间拉毛面应保持整洁。刷条筋的鬃刷可根据条筋宽度及净距把鬃毛剪成三条以便一次刷出三条条筋。

七、拉条抹灰

拉条灰适用于装饰内墙面。拉条灰抹灰层有底层灰、中层灰、面层灰等组成。底层灰和中层灰可采用水泥砂浆或水泥石灰砂浆。面层灰的配合比如下：

（1）细条拉条灰：采用1∶0.5∶2水泥石灰砂浆（水泥∶石灰膏∶砂），适量加入细纸筋。

（2）粗条拉条灰：第一层采用1∶0.5∶2.5水泥石灰砂浆，适量加入细纸筋；第二层采用1∶0.5水泥石灰膏，适量加入细纸筋。

（3）钢板网拉条灰：第一层采用1∶2.5石灰砂浆，适量加入纸筋，第二层采用细纸筋石灰。

拉条灰面层施工应准备木轨道及拉条模具。木轨道用杉木制成，断面为60 mm×20 mm。模具长500～600 mm，一侧刻有凹凸的齿型，尺口包以铝皮。

拉条灰面层施工要点：

（1）待中层灰凝固后，在墙面上弹若干竖向线，竖向线的间距等于拉条模具长度。

（2）用稠水泥浆将木轨道依着竖向线粘贴在墙面上，木轨道需用托线板靠直，接头缝处应平顺，黏结牢固。

（3）木轨道粘牢后，在中层灰面上洒水湿润，刷一道水灰比为0.4的素水泥砂浆，紧跟着分层涂抹面层灰，要抹平整，待其收水后，用拉条模具靠着木轨道从上而下多次拉动，使面层灰成竖向条状。

（4）如条状抹灰面有断裂细缝时，可用细纸筋水泥抹补，再用同一拉条模具上下来回拉动，使接缝处顺直光平。

（5）面层灰拉条完成后，取出木轨道，进行养护。面层灰完全干燥后，可喷涂色浆或涂料。

八、仿石抹灰

仿石抹灰适用于装饰外墙面。仿石抹灰层有底层灰、结合层及面层灰组成。底层灰用 12 mm 厚 1∶3 水泥砂浆，结合层用素水泥浆，面层用 10 mm 厚 1∶0.5∶4 水泥石灰砂浆。

仿石抹灰施工要点：

（1）底层灰凝固后，在墙面上弹出分块线，分块线按设计图案而定，使每一分块成不同尺寸的矩形或多边形。

（2）洒水湿润墙面，按照分块线，将木分格条用稠水泥浆粘贴在墙面上。

（3）在各分块涂刷素水泥浆结合层，随即抹上水泥石灰砂浆面层灰，用刮尺沿分格条刮平，在用木抹子搓平。

（4）待面层稍收水后，用短直尺紧靠在分格条上，用竹丝帚将面层扫出清晰的条纹。各分块之间的条纹应一块横向、一块竖向，竖横交替。如相邻两块条纹方向相同，则其中一块可不扫条纹。

（5）扫好条纹后，应立即起出分格条，用水泥砂浆勾缝，进行养护。

（6）面层干燥后，扫去浮灰，在用乳胶漆刷涂两遍，分格缝处不刷漆。

九、弹涂、喷涂、滚涂

（1）弹涂：

弹涂是指用弹涂器将聚合物水泥浆弹到墙面上，形成色浆点。弹涂适用于装饰外墙面。

弹涂抹灰层有底层灰、底色层、面层等组成。

材料要求：水泥强度等级应不低于 32.5；107 胶的含固量为 10%～12%，密度为 1.05，pH 值为 6～7，粘度为 3.5～4.5Pa・s，应能与水泥砂浆均匀混合。色浆稠度以 13～14 cm 为宜。

弹涂主要工具是弹涂器，弹涂器有手动弹涂器和电动弹涂器两种。

弹涂施工要点：

1）底层灰凝固后，洒水湿润，待收水后刷一道底色浆，要求两遍成活，头遍浆应饱满基本盖底，二遍浆应适当稀一些，刷时不带起头遍浆为度。

2）底色浆干后，找一块墙面试弹。试弹时将色浆装入弹涂器内，手摇或电动弹涂器使色浆弹出，看弹出的色浆点是否合适，色浆点偏小时，弹涂器再近一些墙面；色浆点偏大时，弹涂器再远一些墙面。确定好弹涂器离墙面距离就可正式弹涂。

3）弹涂应自下而上，从左向右进行。先弹深色浆，后弹浅色浆。一种色浆宜分两遍或三遍弹涂，头遍基本弹满，二、三遍则补缺。深色浆干后，才能弹浅色浆，浅色浆不能盖住深色浆，浅色浆宜弹稀点，使墙面上显出不同颜色浆点。

4）如做平花色点，可在弹涂色浆点后，用铁抹将色浆点轻轻压平。

5）色浆点干燥后，喷一道憎水剂罩面。

（2）喷涂：

喷涂是指用喷枪（或喷斗）及压缩空气将聚合物水泥砂浆或聚

合物水泥石灰砂浆喷涂与外墙面上。喷涂不宜于首层外墙面。

喷涂抹灰层有底层灰、结合层及面层灰等组成。

材料要求：浅色面层用白水泥，深色面层用普通水泥；细骨料用中砂或浅色石屑，含泥量不大于3%，过3 mm孔筛。

聚合物砂浆应用砂浆搅拌机进行拌和。先将水泥、颜料、细骨料干拌均匀，再边搅拌边顺序加入木质素磺酸钠（先溶于少量水中）、107胶和水，直到全部均匀为止。如果是水泥石灰砂浆，应先将石灰膏用少量水调稀，再加入水泥与细骨料的干拌料中。拌和好的聚合物砂浆，宜在2h内用完。

喷涂聚合物砂浆的主要机具设备有：空气压缩机、加压罐、灰浆泵、振动筛、喷枪、喷斗、胶管、输气胶管等。

（3）滚涂：

滚涂是用各式滚压墙面上涂抹的聚合物砂浆面层，滚压出各种花纹。滚涂适用于装饰外墙面，但不适用于首层外墙面。

滚涂抹灰层有底层灰、结合层、面层灰等组成。

材料要求：水泥强度等级不宜低于32.5；细骨料宜用浅色中砂，含泥量不大于2%，过2 mm筛，也可用浅色石屑、膨胀珍珠岩等。

聚合物砂浆应采用砂浆搅拌机进行拌和。先将水泥、颜料、细骨料干拌均匀后，边搅拌边顺序加入107胶和水。如是水泥石灰砂浆，应先将石灰膏用少量水调稀，再加入水泥与细骨料的干拌料中。六偏磷酸钠与水同时加入。

滚涂工具为各种材料制成的辊子，有橡胶辊、多孔聚氨酯辊等。

滚涂施工要点：

1）底层灰凝固后，洒水湿润，涂抹107胶水溶液结合层，随即涂抹聚合物砂浆面层。

2）聚合物砂浆涂抹一段后，紧跟着进行滚涂。辊子运行要轻缓平稳，直上直下，以保持花纹一致。

3）滚涂方法分干滚和湿滚两种。干滚法是辊子上下各一来回，在向下走一遍，表面均匀拉毛即可，滚涂遍多易产生翻砂现象。湿滚法是辊子蘸水滚压，一般不会有翻砂现象，但应注意保持整个表面水量一致，否则会造成表面色泽不一致，干滚法花纹较粗，湿滚法花纹较细。

4）最后一遍辊子运行必须自上而下，使滚出的花纹有自然向下坡度，以免日后积尘污染。横向滚涂的花纹易积尘，不宜采用。

5）如发生翻砂现象应薄抹一层聚合物砂浆重新滚涂，不得事后修补。

6）在分格区内应连续滚涂，不得任意接槎。

十、装饰抹灰质量缺陷防治

（1）外墙抹灰空鼓、开裂：

1）墙体与混凝土交接处应严格按图纸和规范要求预埋拉结钢筋，发现遗漏拉结钢筋时应与设计部门研究加强措施。

2）混凝土表面的油污、油漆、隔离剂等，均应在抹灰前清除干净。在光滑的混凝土表面抹灰时，其表面应用界面处理剂或凿毛处理。对凹凸不平处应事先剔平或用1∶3水泥砂浆分层补平，当抹灰厚度大于40 mm时，应采取技术措施在抹灰层中间加钢板网或钢丝网加射钉绷紧，钢筋网片必须放在超厚的抹灰层中间。

3）抹灰前墙面应浇水，在常温下一般隔夜进行浇水二遍即可，对气候和操作环境变化大的，应根据实际的情况掌握。

4）水泥、砂、石灰、外加剂等原材料应符合质量要求。严禁使用强度及安定性不合格的水泥、细砂和特细砂以及受冻过的石灰膏。

5）严格控制砂浆配比。抹灰砂浆必须具有良好的和易性和保水性能，水泥砂浆保水性能差时，可掺入石灰膏，粉煤灰或塑化剂等调整好配比，以改善其保水性。常用抹灰砂浆稠度应控制如下：底层抹灰砂浆为10～12 cm；中层抹灰砂浆为7～8 cm；面层抹灰砂浆为10 cm。抹灰砂浆必须与基层黏结牢固，必要时可在砂浆中掺加环保性胶结材料，以提高抹灰砂浆的黏结强度。

6）当抹灰基层不平整时，中间抹灰应分层抹平，每层抹灰厚度应控制7～10 mm。水泥砂浆、混合砂浆应待前一层抹灰凝固后，再抹后一层，一般宜隔夜进行，石灰砂浆应待前一层发白后，再抹后一层。若几层连续涂抹，因湿砂浆粘在一起，起不到分层作用，造成砂浆收缩率过大而产生空鼓裂缝。

7）水泥砂浆不得抹再石灰砂浆或混合砂浆上。

8）预防女儿墙根部裂缝以及楼两端的顶层两间外纵墙裂缝的出现，应在开工前会审图纸时研究如何加强砌体构造措施。

9）预防双阳台分隔处的栏板竖向裂缝可采取预留两条竖向分隔条，缝内嵌填耐候胶。

（2）外墙抹灰表面观感质量差：

1）拉通线弹出水平分格线，柱子等侧面用水平尺引过去，以保平直度，竖向分格缝，应统一吊线分块。

2）宜使用塑料或铝合金条分格条。

3）水平分格条一般应粘在水平线下边，竖向分格条一般应粘在垂直线左侧，以便检查其准确度，防止发生错缝、不平现象。分格条两侧可用稠水泥浆固定，在水平线处应先抹下侧面，当天抹罩面灰起条的，两侧可抹成45°，否则应抹成60°坡。面层压光时将分格条水泥砂浆清刷干净，待水泥砂浆达到一定强度后才能起出分格条，以免起条时损坏棱角，对分格条底灰不实处应用水泥修补。起出后的分格条应及时清刷水泥浆以便再次使用。

4）分格条可采用一次性符合分格条宽度和深度的塑料条或铝合金条，该条永远镶嵌在墙体上。分格条的断面形式要防止抹灰收缩后弹出。

（3）水刷石空鼓、观感差：

1）通过做样板，调整好配合比。

2）严格按照操作规程操作，结合层要抹好，掌握适当适度。

3）水刷石使用石子粒径一般以 4.6 mm 为宜，使用前应过筛，冲洗晾干，各类石子应用布遮盖好，以防止污染。

4）操作小组专人负责配合比和拌和石子浆，保证配合比正确，拌和均匀。

5）弹线和粘条必须用水平尺找平。

6）抹罩面石子浆时，底层不能太干，太干的底层由于吸水大，石子浆会产生假凝现象，不利于抹平压实，这样的面层，由于石子尖棱朝外，喷洗后表面就会显得稀密不均匀，不平整和清晰。因此，抹罩面石子浆时，应掌握好底层灰的干稀程度，待抹上的罩面石子浆表面稍收水后，用铁板拍平并用宽约 300 mmΦ50 mm 的铁滚子来回滚平压光，然后用刷子粘水刷去表面浮浆，这样应不少于三遍，达到石子大面朝外，表面排列紧密均匀为止。

7）正确掌握好水刷石表面喷洗时间，以用手指按石子浆无指痕为准，或用刷子刷石子以不掉为度。过早则石子颗粒露出灰浆面过多，容易脱落，过晚则灰浆冲洗不清，造成表面污浊。喷头应由上而下进行，要均匀喷洗，不宜过快、过慢或偏冲，喷头离墙面 10～20 mm，一致喷到面层石子露出灰浆面 1～1.5 mm 为宜，阳角应骑角喷洗。在喷刷过程中如发现局部石子颗粒不均匀或面层有干裂、风裂现象，应用铁板轻轻拍压，以达到表面石子颗粒均匀一致。喷雾器要用手拿稳，出水均匀，这样可以避免墙面发花或有黑斑。

8）喷洗时对分格条旁的成品应采取塑料布遮挡防止污染，遮挡时对原成品先用喷雾湿润，避免水泥雾黏结不好喷洗。

9）分格条应选用一次性铝合金条或塑料条，以保证分缝整齐和不掉石子。分格条两侧抹纯水泥以 45°为宜。

10）刚完成的成品应在三天内防止太阳晒；交工前对整体刷石工程进行清洗，并严禁加酸，少量污染部位可通过试验加入工业用清洗剂刷洗。

11）分格条内的颜色应调制加色水泥浆嵌缝，不得刷涂料以免起皮掉色。

（4）水刷石阴阳角不垂直有黑边：

1）抹阳角时，一般先抹一侧，将水泥石子浆稍抹过转角，然后再抹另一侧，这是用八字尺贴在面层上，将角托直找齐，这可避免因两侧用八字尺而在阳角处出现明显棱槎印。

2）墙面阴角应二次成活，先做一平面，然后再做另一平面，每次都应在阴角处弹线，作为抹灰依据，这可解决阴角不直问题。阴角喷洗时要注意喷头的角度和喷水时间，也可防止阴角处石子脱落、稀疏等现象。

3）完成后的水刷石，洒水养护不少于 7 天。

（5）墙体与木门框交接处抹灰层空鼓、裂缝脱落：

1）不同基层材料交汇处宜铺钉钢丝网。每边搭接长度 100～150 cm。

2）后塞门洞每侧墙体内预埋混凝土预制块不少于三块，混凝土预制块尺寸宜为标准砖二皮厚，预埋位置正确。

3）加气混凝土砌块墙与们窗框连接时，宜采用混凝土预制块，与加气混凝土块同时砌入，每侧不少于三块。

4）固定后塞口木门框采用连接铁片，两侧用射钉固定在混凝土预制块上。

5）门窗框塞缝宜采用水泥混合砂浆，塞缝前先浇水湿润，缝隙过大时，应分层多次填嵌，砂浆不宜太稀。

6）护角抹灰宽度不宜过宽，50 mm 即可，避免水泥砂浆紧挨门框。

（6）墙面抹灰层空鼓、裂缝：

1）基层太光滑，应用界面处理剂处理或用 1∶1 水泥砂浆加环保型胶先薄薄刷一层。

2）抹灰前对凹凸不平的墙面必须剔凿平整，凹处用 1∶3 水泥浆分层填实找平。

3）基层表面污垢、隔离剂等必须清除干净。

4）墙面脚手架眼和其他孔洞，应在抹灰前填堵抹平。

5）基层抹灰前要先浇水湿润，砖基层应浇水两遍以上。

6）砂浆和易性、保水性差时，可掺入适量的石灰膏或外加剂，调整好配合比。

7）加气混凝土基层面抹灰，砂浆强度等级不宜过高。

8）水泥砂浆、混合砂浆及石灰膏等不能前后交叉涂抹。

9）应分层抹灰，层间间隔时间同外墙抹灰。

10）不同基层材料交汇处宜铺钉钢丝网，每边搭接长度 100～150 mm。

11）过人洞处必须分层抹灰，且留在洞口的大面抹灰应留接槎，宽度不小于 50 mm。

（7）墙裙、踢脚线砂浆空鼓、裂缝：

1）墙裙或踢脚线的抹灰宜安排在大面抹灰前，避免基层遭石灰砂浆污染。

2）各层应是相同的水泥砂浆或是水泥用量偏大的混合砂浆。

3）铲除底层石灰砂浆时，应用钢丝刷，边刷边冲洗。

4）底层砂浆在终凝前不准抹第二遍砂浆。

5）面层未收水前不准用抹子搓压；砂浆已硬化后不允许用抹子强行搓抹，应采用薄薄地抹一层砂浆来弥补表面不平或抹平印痕。

（8）顶棚抹灰空鼓、裂缝：

1）预制混凝土板安装要平整，相邻两板的板底高低差不应超过 5 mm；板缝灌缝时必须清扫干净，浇水湿润，浇筑混凝土前对板缝两侧应按处理混凝土施工缝的要求处理板缝，然后用 C20 级细石混凝土灌实，并加强养护，采取隔层灌板缝静养。

2）混凝土现浇楼板板底表面的污物必须清理干净。

3）为了使底层砂浆与基层黏结牢固，抹灰前一天顶板应喷水湿润，抹灰时再浇水一遍，对突出的不平处提前几天分层找平刮糙处理。

4）混凝土顶板抹灰，一般应安排在上层地面做完后进行。

5）抹灰要分层，相隔的时间符合要求。

十一、装饰抹灰质量标准

主控项目：

1. 抹灰前基层表面的尘土、污垢、油渍等应清除干净，并应洒水湿润。

2. 装饰抹灰工程所用材料的品种和性能应符合设计要求。水泥的凝结时间和安定性复验应合格。砂浆的配合比应符合设计要求。

3. 抹灰工程应分层进行。当抹灰总厚度大于或等于 35 mm 时，应采取加强措施。不同材料基体交接处表面的抹灰，应采取防止开裂的加强措施，当采用加强网时，加强网与各基体的搭接宽度不应小于 10 mm。

4. 各抹灰层之间及抹灰层与基体之间必须黏结牢固，抹灰层应无脱层、空鼓和裂缝。

表 4-10　装饰抹灰的允许偏差和检验方法

项次	项目	允许偏差				检验方法
		水刷石	斩假石	干粘石	假面砖	
1	立面垂直度	5	4	5	5	用 2 m 垂直检测尺检查
2	表面平整度	3	3	5	4	用 2 m 靠尺和塞尺检查
3	阳角方正	3	3	4	4	用直角检测尺检查
4	分隔条（缝）直线度	3	3	3	3	拉 5 m 线，不足 5 m 拉通线，用钢直尺检查
5	墙裙、勒脚上口直线度	3	3	—	—	拉 5 m 线，不足 5 m 拉通线，用钢直尺检查

复习思考题

1. 简述抹灰砂浆对常用材料的质量要求。
2. 抹灰前对基层如何处理？
3. 常用的抹灰工具有哪些？
4. 简述一般抹灰的定义、主要工序、基本要求及常用做法。
5. 牢记护脚、标志、标筋的做法。
6. 简述防水砂浆的施工要点。
7. 牢记墙面抹灰、顶棚抹灰、阴阳角找方施工要点及操作顺序。
8. 常见抹灰工程的质量缺陷有哪些？如何预防？
9. 抹灰工程的质量要求是什么？
10. 装饰抹灰中水刷石施工应注意哪些问题？
11. 装饰抹灰的质量要求是什么？

第五章　饰面工程

第一节　饰面材料

饰面工程所用饰面材料主要有饰面板、饰面砖、金属装饰板、装饰混凝土板等。

饰面板有天然大理石板、天然花岗岩石板、预制水磨石板、人造大理石板等。

饰面砖有釉面内墙砖、彩色釉面陶瓷墙地砖、陶瓷锦砖、玻璃锦砖等。

一、天然大理石板材

天然大理石板材是用天然大理石荒料、经过切锯、磨光等加工而成的。

天然大理石板材分为普型板材（正方形或长方形板材）和异型板材（其他形状板材）两类。

天然大理石板材按其规格尺寸允许偏差、平面度允许极限公差、角度允许极限公差、外观质量、镜面光泽度分为优等品、一等品、合格品三个等级。

板材应在室内贮存。室外贮存适应加遮盖。

二、天然花岗岩板材

天然花岗岩板材是用天然花岗岩荒料，经过切锯、磨光等加工而成的。

天然花岗岩板材分为普通型板材（正方形或长方形的板材）和

异型板材（其他形状的板材）两种。

板材按表面加工程度分为：细面板材、镜面板材、粗面板材。

板材按其规格尺寸允许偏差，平面度允许极限公差，角度允许极限公差，外观质量分为优等品、一等品、合格品三个等级。

板材应在室内贮存，室外贮存应加遮盖。

三、水磨石板

水磨石板是用水泥石碴浆，经成型、养护、研磨、抛光而成。

水磨石板按其表面加工细度分为粗磨板、细磨板和抛光板三类。

水磨石板按其外形尺寸极限偏差、平度允许偏差、角度偏差、外观的缺口、正面缺陷分为一级品、二级品。

板材宜在室内贮存，室外贮存是应予遮盖。直立码垛应光面相对，倾斜不大于15°角，垛高不超过1.6 m，最低层必须用木条支垫，层间用木条相隔，各层支撑点必须平衡。平放码垛应光面相对，地面要求平整，垛高不超过1.4 m。用草绳包装好的板材，码垛高度不得超过2 m。贮存场地应排水良好，地面坚实，防止积水浸泡板材。

四、人造大理石板

人造大理石板又称合成饰面板，是以不饱和聚酯树脂为胶黏剂，配以大理石粉或方解石粉、白云石粉以及适量阻燃剂、稳定剂、颜料等，经配料、混合、浇注、振动、压缩、挤压、成型、固化加工而成。

人造大理石板的抗压强度应不小于 90MPa；抗折强度应不小于30MPa；光泽度不小于 70 度；硬度不小于 35HB；吸水率不大于0.15%。

人造大理石板有以下缺点：

1）花纹类型比较单一，难以做到非常逼真。

2）板材容易翘曲变形。

3）在装饰工程中不易加工。

4）成本较高。

第二节　饰面用机具

一、手工工具

饰面施工除一般抹灰常用工具外，还根据饰面需要有以下手工工具：

开刀——镶贴饰面砖拨缝用。

木锤、橡胶锤——镶贴饰面板敲击振实用。

硬木拍板——镶贴饰面砖拍实用。

手锤——敲打合金錾、钢錾用。

合金錾——切割饰面砖、饰面板剔凿用。

磨石——磨光饰面板、饰面砖表面用。

此外，还有合金钢钻头、钢錾、墨斗、画签、准线、线锤、钢卷尺等。

二、加工机械

切割饰面板、饰面砖的机械有以下几种：

（1）手动切割器——切割饰面砖用。操作时，手握压把，将被切割的饰面砖对准标尺位置，下压压把，使合金刀片正中饰面砖切割线，前后沿滑道移动推拉，即将砖面划出切口纹，然后抬起压把，翻转饰面砖切口纹对正压板，扳动压把用力压，饰面砖即按切口纹断裂。

（2）台式切割机——切割大理石饰面板用。饰面板是用高速转动的砂轮片切割。

（3）电动切割机——切割饰面板、饰面砖用。利用高速转动的金刚石片切割。

第三节　饰面板安装

一、粘贴施工

粘贴大理石适用于粘贴高度低于 3 m，板材尺寸不大于 300 mm ×300 mm，板材厚度为 8～12 mm 的情况下。

粘贴施工要点：

（1）中层灰凝固后，清扫墙面。

（2）按大理石板规格，在中层灰面上弹出板材分格线。

（3）调制胶黏剂，清理板材背面。

（4）在中层灰面上薄薄刮抹一层胶黏剂，在板材背面刮抹 2～3 mm 厚胶黏剂，稍等会儿，待胶黏剂不粘手时，即将板材对准分格线粘贴到中层灰面上，要贴实贴平，不平处用橡胶锤敲击。粘贴板材宜从下往上，自从左向右进行。

（5）板材接缝宽度及接缝处理按设计要求或规范规定。

二、挂贴施工

挂贴饰面板适用于板厚为 20～30 mm 的预制水磨石板、花岗岩板或大理石板。墙体为砖墙或混凝土墙。

采用挂贴饰面板的施工方法。墙体应设锚固件。砖墙体应在灰缝中预埋ϕ6 钢筋钩，钢筋钩中距为 500 mm 或按板材尺寸，当挂贴高度大于 3 m 时，钢筋钩改用ϕ10。钢筋钩埋入墙体内深度应不小于 120 mm，伸出墙面 30 mm。混凝土墙体可射入ϕ3.7×62 的射钉，中距亦为 500 mm 或按板材尺寸。射钉打入墙体内 30 mm。

挂贴饰面板之前，将ϕ6 钢筋网电焊或绑扎于锚固件上。钢筋网双向中距为 500 mm 或板材尺寸，应使钢筋网的点焊点与锚固件连结。在饰面板上、下边各钻不少于两个ϕ5 的孔，穿入铜丝，把饰面板绑牢于钢筋网上。饰面板的背面距墙面应不小于 50 mm。饰面板的接缝宽度可垫木楔调整，应确保饰面板外表面平整、垂直及板的上沿平顺。

每安装横向一行饰面板后，即进行灌浆。灌浆前，应浇水将饰面板背面及墙体表面湿润。在饰面板的竖向接缝内填塞 15～20 mm 深的麻丝或泡沫塑料条以防漏浆。拌和好 1∶2.5 水泥砂浆，将砂浆分层灌注到饰面板背面与墙面之间的空隙内，每层灌注高度为 150～200 mm，且不得大于板高的 1/3，插捣密实，待其初凝后，应检查板面位置。

突出墙面的勒脚饰面板安装，应待墙面板安装完工后进行。

待水泥砂浆硬化后，将填缝材料清除。饰面板表面清洗干净。光面和镜面的饰面板经清洗晾干后，方可打蜡擦亮。

三、接缝处理

天然石饰面板的接缝处理：

（1）室内安装光面和镜面的饰面板，接缝应干接，接缝处宜用与饰面板相同颜色的水泥浆填抹。

（2）室外安装光面和镜面的饰面板，接缝处可干接或在水平缝中垫硬塑料条，垫塑料条时，应将压出部分保留，待砂浆硬化后将塑料条剔出，用水泥细砂浆勾缝。干接缝应用与饰面板相同颜色水泥浆填平。

（3）粗磨面、麻面、条纹面、天然面饰面板的接缝和勾缝应用水泥砂浆，勾缝深度应符合设计要求。

第四节　饰面砖镶贴

一、内墙砖镶贴

镶贴釉面砖施工要点：

（1）挑选釉面砖，剔出有缺陷或规格不准的釉面砖，留作非整砖用。

（2）根据所选墙面尺寸及釉面砖规格进行预排，确定釉面砖接缝宽度。在同一墙面上的横竖排列，不宜有一行以上的非整砖。

（3）将釉面砖的背面清理干净，并浸水两小时以上，待表面晾干后方可使用。

（4）在墙面下方离地面一皮砖高处弹一条水平线，按此水平线钉上底尺。在墙面两头离阴阳角一皮砖宽处弹上垂直线。底尺作为水平接缝标准，垂直线作为竖向接缝标准。

（5）在墙面的底层灰上进行清理，并浇水湿润。

（6）在镶贴釉面砖的位置处抹水泥石灰砂浆随即将釉面砖镶贴上去，用手揉压，使接缝均匀，也可用橡胶锤敲打。每块釉面砖粘贴应平整，接缝宽度应尽量小。在纸面石膏板墙上镶贴，只需将胶黏剂刮抹在釉面砖背面，对准位置贴上去即可。

（7）镶贴釉面砖宜先沿底尺横向贴一行，再沿垂直线竖向贴几行。从下往上第二横行开始，应在垂直线处已贴的釉面砖上口间拉上准线，横向釉面砖依准线镶贴。

（8）底尺下面的一行砖及垂直线到阴角处一行砖可留到最后镶贴。

（9）阳角处宜用阳角条配件砖镶贴，阴角处宜用阴角条配件砖。

（10）墙裙顶边宜用压顶条配件砖镶贴。

（11）镶贴完一部分后，即把釉面砖的表面擦干净。整个墙面镶贴完并擦净后，用白水泥浆擦缝，待其干硬后，再用清水擦洗一遍釉面砖面。

（12）非整砖部分应根据所镶贴尺寸用整砖切割，不得用碎砖拼凑镶贴。

（13）同一房间内的内墙面应用同一品种、同一颜色、同一批号的釉面砖，并注意花纹倒顺。

二、外墙砖镶贴

外墙镶贴彩釉砖施工要点：

（1）挑选彩釉砖，剔出有缺陷或颜色不正的彩釉砖。

（2）根据其墙面尺寸及彩釉砖规格进行预排，确定彩釉砖接缝宽度，尽量不用非整砖；不得在阳角处贴非整砖。

（3）将彩釉砖的背面清理干净，并浸水两小时以上，待表面晾干后方可使用。冬期施工宜在掺入 2%食盐的温水中浸泡 2h，晾干后方可使用。

（4）外墙贴彩釉砖应从上而下分段进行，每段内应自下而上镶贴。

（5）在整个墙面两头各弹一条垂直线之间距离应为彩釉面砖宽的整数倍。

（6）在各层分段分界处弹一条水平线，作为贴彩釉砖横行标准。

（7）清理底层灰面，并浇水湿润，刷一道素水泥浆，紧接着抹上水泥石灰砂浆，随即将彩釉砖对准位置镶贴上去。

（8）每个分段中宜先按水平线贴横向一行砖，再沿垂直线贴竖向几行砖，从下往上第二横行开始，应在垂直线已贴的彩釉砖上口间拉上准线，横向各行彩釉砖依准线镶贴。

（9）阳角处正面的彩釉砖应盖住侧面的彩釉砖的端边，即将接缝留在侧面，或在阳角处留成方口，以后用水泥砂浆勾缝。阴角处应使彩釉砖的接缝正对阴角线。

（10）镶贴完一段后，即把彩釉砖的表面擦洗干净，用水泥细砂浆勾缝，待其干硬后，再擦洗一遍彩釉砖面。

（11）墙面上如有突出的预埋件等时，此彩釉砖的镶贴，应根据具体尺寸用整砖裁割后贴上去，不得用碎块砖拼贴。

（12）同一墙面应用同一品种、同一色彩、同一批号的彩釉砖，并注意花纹倒顺。

第五节　饰面工程质量标准

一、质量标准

饰面板的品种、规格、颜色和性能应符合设计要求，饰面板孔、槽的数量、位置和尺寸应符合设计要求。饰面板安装工程的预埋件

（或后置件）、连接件的数量、规格、位置、连接方法和防腐处理必须符合设计要求。后置预埋件的现场拉拔强度必须符合设计要求。饰面板安装必须牢固。

饰面板表面应平整、洁净、色泽一致，无裂痕和缺损。石材表面应无泛碱等污染。饰面板嵌缝应密实、平直，宽度和深度应符合设计要求，嵌填材料色泽应一致。采用湿作业法施工的饰面板工程，石材应进行防碱背涂处理。饰面板与基体之间灌注材料应饱满、密实。饰面板上的孔洞应套割吻合，边缘应整齐。饰面砖粘贴必须牢固。满贴法施工的饰面砖工程应无空鼓、裂缝。

二、质量通病及防治

（1）外墙面砖空鼓、脱落：

1）避免内墙用的釉面砖粘贴到外墙上，施工前应做材质检验包括冻融试验和含水率试验等。

2）操作前应对所有立面综合排砖，搞施工设计，调整好砖缝。

3）基层墙面必须清除干净，不应留有垃圾、油质。光滑的混凝土墙面应采取措施或凿毛处理，抹基层砂浆前应浇水湿润。

4）认真按配合比计量搅拌砂浆，控制水灰比。

5）按规定分层涂抹找平层，每层厚度应控制在 5～7 mm，每层间隔时间不宜太短，宜隔夜刮糙，严禁连续刮糙使找平层开裂、空鼓。

6）找平层必须找平，使面砖粘贴砂浆厚度一致。

7）面砖使用前应用水浸泡到无气泡为止，但不少于 2h，然后出水晾干才能使用。

8）面砖使用前必须剔选，用套板分类堆放，应剔除缺楞、掉角、翘曲、裂缝、疏松等劣质砖。

9）在粘贴砂浆未收水前及时纠偏。

10）冬期来临前施工要注意防寒抗冻，暑期应采取遮盖措施避免曝晒。

（2）粘贴砂浆必须饱满，勾缝严密。

（3）墙面砖分格缝不均匀、墙面不平：

1）应使用质量好的面砖，使用前应先进行剃选，凡缺棱掉角，外形歪斜，材质酥松，翘裂和颜色不均者均应剔除，用套板把同号规格分大、中、小进行分类堆放，根据不同部位使用不同大小的面砖。

2）施工前应根据设计图纸尺寸和结构实际偏差情况进行排砖设计，并画出施工大样图，一般要求横缝应与窗洞上口和外窗台相平，竖向要求阳角、窗台处都是整砖，非整砖放在阴角处，当为立砖粘贴时，窗洞上口和窗台处不得出现小于1/2砖高的面砖，应全面考虑横缝的宽窄，确定横缝、竖缝的大小，并划出皮数杆。对窗间墙，砖垛等处要事先测好中心线，水平分格线，阴阳角直线，以作为安装门窗框，做窗台、腰线等依据，防止在这些部位产生挑砖不整齐和分格缝不均等问题。

3）灰饼间距不大于 1.5 m，粘贴面砖前要在找平层上根据皮数杆从上到下弹出若干水平线，在阴阳角、窗口处、大墙面一般隔 5～10 皮砖弹上垂直线作为贴面砖时的控制标志。

4）粘贴面砖时，应保持面砖上口平直，一个垂直边与垂线平齐，若不平时应在砖下口用木片等垫平，随时检查，粘贴后应将立缝处灰浆随时清理干净。

5）找平层必须找平，尤其是用纯水泥浆粘贴的面砖基层，确保粘贴砂浆厚薄均匀，使砂浆收缩率基本一致，保证墙面平整度。

（4）陶瓷锦砖墙面不平整、分格缝不均匀、砖缝不平直、有板子印，墙面混浊不清：

1）粘贴陶瓷锦砖时底子灰应表面平整，阴阳角方整，其允许偏差按面层要求控制，即表面平整度不大于 2 mm。立面垂直，室内不大于 2 mm，是外部大于 3 mm。阳角方正不大于 2 mm。不应用增加砂浆将厚度来找平，确保表面平整度。

2）施工前，应按设计尺寸与实际结构情况进行排版，砖的模数应随机抽样 10 箱，每箱取 1 版，把 10 版平摊在平整的地面上，版与版之间应预留间隙 2 mm，然后把总长度除 10 求得每版模数。要绘制分格大样图，然后按图施工。

3）按施工大样图在墙上放样施工，对窗间墙、砖柱要事先测好中心线，弹好水平线和阴阳角垂直线，然后按线粘贴。

4）陶瓷锦砖在使用前应注意色标，以防出现明显色差。操作时可将陶瓷锦砖平放在木板上，底面朝上，刷净表面浮灰后，薄薄涂上一层黏结砂浆，然后逐张拿起粘贴上墙，粘贴时，板子朝上应一致，面板陶瓷锦砖的一个水平及一个垂直边都要对准网格线，若放不下时应向网格内用铁板上下左右向内挤拍，务必须使陶瓷锦砖粘贴在位，并使板子间有 2 mm 间隙。

5）陶瓷锦砖在湿水揭纸后，应对缝隙不均的陶瓷锦砖颗粒用铁皮进行调整，对缝隙不饱满出应用水泥浆嵌实并拍压整齐，及时擦净表面，避免污染。

（5）陶瓷锦砖墙面空鼓、脱落：

1）底层空鼓预防措施同面砖相同。

2）中层上刷纯水泥浆、抹黏结砂浆、粘陶瓷锦砖这三个工序应环环相扣随即进行，必须做到随刷、随抹、随贴。黏结砂浆宜用 1∶0.3 水泥纸筋灰浆或 1∶1 水泥浆，厚 2～3 mm。

3）陶瓷锦砖粘贴后，其纸板湿水后揭纸时应从下往上垂直揭纸，不宜与墙面成直角的方法揭纸。其揭纸后纠偏陶瓷锦砖粒时间应控制在 1h 内完成，不应在砂浆收水后再纠偏，以防止陶瓷锦砖颗粒走动，造成空鼓、脱落。

4）陶瓷锦砖揭纸后，其缝隙要用素水泥浆擦缝填满并及时擦净表面。

复习思考题

1. 简述饰面板两种安装方法及接缝处理施工要点。
2. 简述内墙砖镶贴施工要点。
3. 简述外墙砖镶贴施工要点。
4. 饰面工程的常见质量通病有哪些？如何防治？

第六章　地面工程

第一节　地面组成

地面应包括建筑底层地面和楼层地面，并包含室外散水、明沟、踏步、台阶、坡道等。

底层地面从上而下由面层、结合层、找平层、隔离层、填充层、垫层、基土等。

楼层地面由面层、结合层、找平层、隔离层、填充层、结构层等组成。

地面的面层分为整体面层和板块面层两类。整体面层有水泥混凝土面层、水泥砂浆面层、水磨石面层、防油渗面层等。板块面层有砖面层、大理石和花岗岩面层、预制板块面层、料石面层等。

第二节　地面施工机械

一、水磨石机

水磨石机根据不同的作业对象和要求，有多种形式。

单盘旋转式和双盘旋转式水磨石机主要用于大面积水磨石地面的、磨光作业。

小型侧卧式水磨石机主要用于踢脚、磨光作业。

手提式水磨石机主要用于角隅及小面积的水磨石表面进行磨光作业。

二、地面磨光机

地面磨光机适用水泥砂浆或混凝土地面的抹平压光。地面抹光机动力源分为电动、内燃两种；按抹光位置分为单头、双头两种。

第三节　水泥砂浆地面

一、水泥砂浆地面组成

水泥砂浆底层地面一般是由面层、结合层、垫层、基土等组成。面层采用 20 mm 厚 1∶2 水泥砂浆；结合层采用素水泥浆；垫层采用 50 mm 厚 C10 混凝土及 100 mm 厚 3∶7 灰土；基土为素土夯实。

水泥砂浆楼层地面一般是由面层、结合层、结构层等组成。面层采用 20 mm 厚 1∶2 水泥砂浆；结合层采用素水泥浆；结构层为钢筋混凝土楼板。当楼面内需埋设管道或增强隔音效果，可在结构层上增设填充层，填充层可采用 1∶6 水泥炉渣，其厚度按需要而定。

二、水泥砂浆面层施工

水泥砂浆面层宜采用 1∶2 水泥砂浆，其稠度不应大于 35 mm。也可采用 1∶2 水泥石屑浆，其水灰比控制在 0.4。水泥砂浆面层厚度不应小于 20 mm。

水泥砂浆面层所用水泥宜为硅酸盐水泥、普通硅酸盐水泥，其强度等级不应小于 42.5 号。采用的砂应为中粗砂，其含泥量不应大于 3%。采用的石屑粒径宜为 3～5 mm，其含粉量不应大于 3%。

水泥砂浆或水泥石屑浆应用砂浆搅拌机拌和均匀。

当面层的边长大于 6 m 时，应用木分格条划分区格，每一区格的边长不大于 6 m。

面层施工时，垫层面上洒水湿润，涂刷素水泥浆一道，随即将拌和均匀的水泥砂浆摊铺平整，随铺随拍实，在水泥初凝前完成抹平工作，在水泥终凝前完成压光工作。水泥砂浆面层压光一般不应小于 3 次。

三、水泥砂浆面层质量缺陷防治（表 6-1）

表 6-1 水泥砂浆面层缺陷产生原因及预防措施

缺陷现象	产生原因	预防措施
起砂：面层粗糙，颜色发白，走动后表面先有松散水泥，手摸时象干水泥，多次走动，砂粒松动或成片水泥硬壳剥落，露出松散水泥和砂	1. 水泥砂浆稠度超过 35 mm 2. 面层压光时间过早或过迟 3. 面层养护不适当 4. 未达到足够强度就上人走动 5. 水泥砂浆受冻 6. 房间内生火取暖，产生二氧化碳 7. 水泥强度等级低，砂粒过细	1. 水泥砂浆应控制水灰比 2. 掌握好面层压光时间 3. 压光后，在一天后洒水养护 4. 在养护期内避免上人走动 5. 保证施工环境温度在 5℃以上 6. 炉火应有排烟设施 7. 水泥强度等级不低于 42.5，砂用中砂
空鼓：面层或垫层黏结不牢，空鼓处用小锤敲击后有空鼓声，受力后易开裂。严重大片剥落	1. 垫层表面清理不干净 2. 面层施工时，垫层表面不洒水或洒水不足 3. 垫层表面积水 4. 结合层的素水泥浆涂刷不当 5. 矿渣垫层质量不好	1. 垫层表面应清理干净 2. 面层施工前 1～2d 应对垫层认真进行洒水湿润 3. 清除垫层表面积水 4. 素水泥浆水灰比宜为 0.4～0.5，涂刷应均匀，不宜采用扫浆方法 5. 保证矿渣垫层施工质量
预制楼板地面顺板纵缝方向裂缝	1. 板缝嵌缝质量粗糙低劣 2. 嵌缝养护不认真 3. 嵌缝后下道工序过急 4. 在预制楼板拼缝中敷设电线管走向处理不当 5. 预制构件刚度差 6. 局部地面集中堆荷过大 7. 预制板安装时两块紧靠形成“瞎缝” 8. 预制板安装时坐浆不实或未坐浆	1. 提高板缝嵌缝质量 2. 嵌缝后及时进行养护 3. 待嵌缝养护至一定强度后进行下道工序 4. 暗敷电线管的板缝应适当放大 5. 挑选刚度足够的预制板 6. 严格控制地面施工荷载 7. 预制板安装时，两块板间应留出一定拼缝宽度 8. 预制板安装时应坐浆、搁平、安实

缺陷现象	产生原因	预防措施
预制楼板地面顺板横缝方向裂缝	1．预制板受荷后板端向上翘	1．在板的搁置处设置钢筋
	2．面层施工过早	2．待横墙沉降稳定后再施工面层
	3．预制板安装时坐浆不实或未坐浆	3．预制板安装适应坐浆，搁置要平
地面面层不规则裂缝；裂缝部位不固定，形状也不同，有表面裂缝，也有连底裂缝	1．水泥安定性不合格或品种、不同强度等级水泥混用	1．使用安定性合格的水泥，不同水泥不混用
	2．面层不及时养护或不养护	2．面层磨光后应及时养护
	3．水泥砂浆过稀或砂浆搅拌不均匀	3．严格控制水泥砂浆的水灰比，砂浆应用搅拌机搅拌均匀
	4．底层地面下基土夯填不实	4．基土应分层回填，夯打密实
	5．垫层质量差、承载力削弱	5．垫层材料混合比应准确，振捣或夯压应密实
	6．面层收缩不均匀，面层厚薄不匀	6．面层施工前，应检查基层面平整度，铲高补低
	7．面积较大的地面未留伸缩缝	7．面层边长大于 6 m 时应留伸缩缝
	8．结构变形，地基土下沉	8．在结构设计上尽量避免基础沉降量过大，预制构件应有足够刚度，使用上应防止局部堆荷过大
	9．使用外加剂过量	9．严格控制外加剂的掺量
带地漏的地面倒泛水，地面积水不向地漏流去	1．阳台、外走廊、浴厕间地面面层与相邻房间不一样平	1．阳台、外走廊、浴厕地面标高应比相邻房间地面标高低 20～50 mm
	2．面层标高不准确，未按规定坡度冲筋括平	2．抹面层前，以地漏为中心向周围敷设冲筋，找好坡度，用刮尺刮平，抹面层时不留洼坑
	3．地漏过高，形成地漏周围积水	3．安装地漏时，注意标高准确，宁低勿高
	4．预留的地漏位置不合安装要求	4．加强土建与管道安装施工的配合，认真进行施工交底，做到一次留置位置正确

四、水泥砂浆面层缺陷治理

1．面层起砂治理

小面积起砂且不严重时，可用磨石在起砂部分水磨，直至露出坚硬面。大面积起砂，应用 107 胶水泥浆来修补。对于严重起砂的面层，应作翻修处理。

2．面层空鼓治理

对于房间的边角处，以及空鼓面积不大于 0.1 m^2 且无裂缝者，一般可不作修补。对于人员活动频繁的部位，以及空鼓面积大于 0.1 m^2，或虽面积不大，但裂缝显著者，应予翻修。

3．面层裂缝治理

（1）裂缝数量较少，且裂缝较细，楼面又无水或其他液体流淌时，可不作修补；若经常有水或其他液体流淌时，可沿裂缝处凿开，两边扩凿约 30～50 mm，结合面呈斜坡形，清理干净后。浇水湿润，无明水后，刷一道水灰比为 0.4～0.5 的素水泥浆，随刷随铺设 1∶2 水泥砂浆，并拍实、抹平、压光。

（2）裂缝较深且又宽时，应沿裂缝处凿开，两边扩凿约 500 mm，并凿进板缝深 10～20 mm，清理干净后，浇水湿润，浇筑 300 mm 厚的 C20 细石混凝土，内配双向钢筋网，钢筋直径 5～6 mm，间距 150～200 mm，表面抹上 1∶1.5 的水泥砂浆，拍实、抹平、压光。

第四节　水磨石地面

一、水磨石地面组成

现制水磨石地面一般是由面层、结合层、找平层、垫层、基土等组成；现制水磨石楼层地面一般是由面层、结合层、找平层、结构层等组成。

二、水磨石面层施工

水磨石面层宜采用 1∶1.5～1∶2.5 水泥石子浆铺设，面层厚度宜为 12～18 mm。深色水磨石面层，宜采用硅酸盐水泥、普通硅酸盐水泥或矿渣硅酸水泥；白色或浅色水磨石面层，应采用白水泥。

在铺设水磨石面层前，应在水泥砂浆找平层上按设计要求的分格或图案设置分格条。待分格条牢固后，在找平层上涂刷一遍水灰比为 0.4～0.5 的水泥浆，随刷随铺已拌和均匀的水泥石子浆。水泥石子浆应摊铺平整，用铁滚筒滚压密实。滚压完毕应及时养护。养护时间一到就可以开磨。水磨石面层应采用水磨石机分遍磨光。将面曾磨至平整光滑，无砂眼，边磨边加水，磨后冲洗干净。其后进行抛光和上蜡。

三、水磨石面层质量缺陷防治

水磨石面层常见的缺陷有：分格条显露不清、分格条压弯或压碎、明显的水泥斑痕、裂缝面层光亮度差、不同颜色的水泥石子浆色彩污染、分格条两边或交叉处石子显露不清或不均匀、彩色面层深浅不一及面层退色等。

分格条显露不清治理方法：可在磨石处撒些粗砂，以加大已磨损量。

面层光亮度差治理方法：重新用细金刚石或油石涂擦一遍，直到表面光滑为止。

第五节　陶瓷地砖地面

一、陶瓷地砖地面组成

陶瓷地砖地面一般是由结合层、找平层、垫层、基土等组成。面层采用 8～10 mm 厚陶瓷地砖；结合层采用素水泥面；找平层采用 1∶4 干硬性水泥砂浆及素水泥浆；垫层采用 50 mm 厚 C10 混凝土及 100 mm 厚 3∶7 灰土；基土为素土夯实。

陶瓷地砖楼层地面一般是由面层、结合层、找平层、结构层等组成。面层采用 8～10 mm 厚陶瓷地砖；结合层采用素水泥浆；找平层采用 20 mm 厚 1∶4 干硬性水泥砂浆；结构层采用钢筋混凝土板。

二、陶瓷地砖面层施工

陶瓷地砖铺贴前应进行排砖。先在找平层上弹出基准线，相通两房间的地砖拼缝在门口处应对齐。

陶瓷地砖铺贴应从基准线处开始。铺贴实，找平层应湿润，将地砖对准位置铺贴上去。第一行地砖应对准基准线，以后各行按前一行为标准铺贴。

整个房间地砖铺完后，即可以进行勾缝。全部勾缝完毕，应关门进行地砖养护。养护完毕，再用清水擦洗地砖面。

三、陶瓷地砖面层质量缺陷防治

（1）基层表面必须清除干净，并浇水湿润不得有积水，基层表面应均匀涂刷纯水泥浆。

（2）面层在铺贴前浸水湿润，并将板背面浮灰杂物清扫干净。

（3）加强进场质量检验，对几何尺寸不准、翘曲、歪斜、厚薄偏差过大等问题要挑出。

（4）铺贴前，应有专人负责从楼道统一往房间引进标高线。房间内应四边取中，在地面上弹出十字线，铺好分段标准块后，由中间向两侧和后退方向铺贴，随时用水平尺和直尺找平，缝隙必须通长拉线，不能有偏差。分段尺寸要事先排好定死，以免最后一块铺不上或缝隙过大。

第六节　大理石板地面

一、大理石板地面组成

大理石板底层地面一般是由面层、结合层、找平层、垫层、基土等组成。大理石板楼层地面一般、结合层、找平层、结构层等组成。

二、大理石板面施工

铺设大理石板应从基线处开始，第一行大理石必须对准基准线，以后各行紧贴前行铺设。铺设时，找平层应湿润，在铺设处撒上干水泥。将大理石板贴在找平层上铺平铺实。板材拼缝宽度一般不应大于 1 mm。

大理石板铺设后，应进行养护，待结合层的水泥砂浆凝固后，方可打蜡达到光滑洁亮。

三、大理石板地面缺陷预防

大理石板地面常见缺陷有地面空鼓，接缝不平、不均等。

表 6-2　大理石地板面缺陷产生原因及预防措施

缺陷现象	产生原因	预防措施
地面空鼓	1．基层清理不干净	1．基层面必须清理干净
	2．结合层水泥浆不均匀	2．撒水泥面应均匀，并洒水调和，用水泥砂浆涂刷应均匀
	3．找平层所用干硬性水泥砂浆太稀或铺得太厚	3．干硬性水泥砂浆应控制用水量，摊铺厚度不宜超过 30 mm
	4．大理石板背面浮灰没有除净	4．大理石板铺贴前应清理背面
	5．大理石板事先未用水湿润	5．大理石板应浸水湿润，晒干后再铺贴
接缝不平、不均	1．大理石板本身厚薄不匀	1．大理石板应进行挑选
	2．相通房间的大理石板地面标高不一致，出门口处或楼道相接处出现接缝不平	2．相通房间地面标高应测定准确，在相接处先铺好标准板
	3．地面铺设后，在养护期内上人过早	3．地面在养护期间不准上人
	4．未按基准线或准线铺设	4．第一行大理石板必须对准基准线，以后各行应对正前一行，并拉准线铺设

复习思考题

1. 水泥地面的施工要点是什么？有哪些常见通病？如何预防及处置？

2. 水磨石地面的施工要点是什么？有哪些常见通病？如何预防及处置？

3. 地砖地面的施工要点是什么？有哪些常见通病？如何预防及处置？

4. 石材地面的施工要点是什么？有哪些常见通病？如何预防及处置？

第七章　冬期施工

当预计连续5天内的平均气温低于5℃时，抹灰工程施工应采取冬期施工技术措施。冬期施工期限以外，当日最低气温低于－3℃时，也应按冬期施工的有关规定。气温可根据当地气象预报或历年气象资料估计。

第一节　抹灰砂浆制备要求

抹灰砂浆宜采用普通硅酸盐水泥拌制，不得使用无水泥的砂浆，应采用水泥砂浆或水泥石灰砂浆；拌制抹灰砂浆用的石灰膏应防止受冻，如遭冻结，应经融化后方可使用。所用的砂，不得含有冰块和直径大于10 mm的冻结块；拌和抹灰砂浆用水宜加热，水温不得超过80℃；抹灰砂浆应采用砂浆搅拌机进行搅拌，搅拌时间比常温延长1 min以上，砂浆搅拌时温度不应低于25℃，使用时不得低于5℃。砂浆应随拌随用，不得积存。搅拌机棚房应保温，容器应加盖。

第二节　抹灰工程冬期施工方法

一、热作法

热作法是利用房屋的临时热源或永久热源来提高和保持施工环境温度，使砂浆在正温度条件下硬化，适用于房屋内部抹灰及饰面镶贴等。

二、冷作法

冷作法是在抹灰砂浆中掺加化学外加剂，以降低抹灰砂浆的冰点，使砂浆在负温度下硬化。化学外加剂可采用氯化钠、氯化钙等。

复习思考题

冬期施工中抹灰工程应注意哪些问题？

第八章　工料计算

第一节　工程量计算

一、一般抹灰工程量

内墙面抹灰工程量按内墙的面积计算，应扣除门窗洞口和空圈所占的面积。不扣除踢脚板、挂镜线、0.3 m^2 以内的孔洞和墙与构件交接处的面积；不增加洞口侧壁和顶面的面积。墙垛和附墙烟囱侧壁面积合并到内墙面抹灰工程量中。

内墙面抹灰的长度，以主墙间的净长计算。内墙面抹灰的高度确定如下：

（1）无墙裙的，其高度按室内地面或楼面至天棚底面之间距离计算。

（2）有墙裙的，其高度按墙裙顶至天棚底面之间距离计算。

（3）板条天棚的内墙面抹灰，其高度按室内地面或楼面至天棚底面另加 100 mm 计算。

内墙裙抹灰工程按内墙裙面积计算，即内墙净长乘以墙裙高度计算。应扣除门窗洞口和空圈所占的面积；不增加门窗洞口和空圈的侧壁面积、墙垛、附墙烟囱侧壁面积合并到内墙裙抹灰工程量中。

外墙面抹灰工程量按外墙面的垂直投影面积计算，应扣除门窗洞口、外墙裙和大于 0.3 m^2 孔洞所占面积。不增加洞口侧壁面积。附墙垛、梁、柱侧面抹灰面积并入外墙面抹灰工程量中。

外墙裙抹灰工程量按外墙裙面积计算。即外墙周边长度乘以墙裙高度计算，应扣除门窗洞口和大于 0.3 m^2 孔洞所占的面积；不增加门窗洞口及孔洞的侧壁面积。

窗台线、门窗套、挑檐、腰线、遮阳板等抹灰工程量计算如下：当其展开宽度在 300 mm 以内者，按装饰线的长度计算。当其展开宽度超过 300 mm 以上时，按图示尺寸以展开面积计算（作为零星抹灰）。

栏板、栏杆（包括立柱、扶手或压顶等）抹灰工程量按其立面垂直投影面积乘以系数 2.2 计算。

阳台底面抹灰工程量按其水平投影面积计算，并入相应天棚抹灰面积内。阳台如有挑梁者，其工程量乘以系数 1.30。

雨篷底面或雨篷顶面抹灰工程量按其水平投影面积计算，并入相应天棚抹灰面积内。雨篷顶面带反檐或反梁者，其工程量乘系数 1.20。雨篷底面有挑梁者，其工程量乘以系数 1.20。

独立柱抹灰工程量按柱的外围面积计算，即柱断面周长乘以柱高计算。

天棚抹灰工程量按主墙间天棚的净面积计算，不扣除间壁墙、垛、柱、附墙烟囱、检查口和管道所占的面积。带梁天棚的梁两侧抹灰面积并入天棚抹灰面积内。密肋梁和井字梁天棚抹灰面积，按其展开面积计算。檐口天棚的抹灰面积并入相同的天棚抹灰工程量内。天棚抹灰如带有装饰线时，区别装饰线的道数按其长度计算，线角的道线以一个突出的棱角为一道线。天棚中的折线、灯槽线、圆弧形线、拱形线等艺术形式的抹灰工程量，按其展开面积计算。

各种零星构件抹灰工程量，均按其展开面积计算。

二、装饰抹灰工程量

外墙面装饰工程量按外墙面实抹面积计算，应扣除门窗洞口和空圈的面积，增加门窗洞口和空圈侧壁及顶面面积。墙面上小于 0.3 m^2 的孔洞，可不扣除其面积，但不增加孔洞侧壁的面积；墙面上大于 0.3 m^2 的孔洞，应扣除其面积，但应增加其侧壁面积。

外墙裙装饰抹灰工程量按外墙裙实抹面积计算，应扣除门窗洞口和空圈所占面积，增加门窗洞口和空圈的侧壁面积。

挑檐、天沟、腰线、栏杆、栏板、门窗套、窗台线、压顶等装饰抹灰工程量均按抹灰的展开面积计算。

独立柱装饰抹灰工程量按其实抹面积计算，即柱断面周长乘以柱高。

三、饰面工程量

墙、柱面镶贴饰面板、饰面砖工程量，均按图示尺寸以实际镶贴面积计算。

墙裙以高度在 1 500 mm 以内为准，超过 1 500 mm 时按墙面镶贴计算，高度低于 300 mm 以内者，按踢脚板镶贴计算。

计算镶贴面积时，不扣除墙上开关板、管道固定件等小面积不镶贴部位的面积。

四、地面面层工程量

地面的整体面层工程量按主墙间净空面积计算，应扣除凸出地面的构筑物、设备基础、室内管道、地沟等所占面积。不扣除柱、垛、间壁墙、附墙烟囱及面积在 0.3 m^2 以内的孔洞所占面积，但门洞、空圈、暖气包槽、壁龛的开口部分亦不增加。若无不扣除部分，则门洞等开口部分亦应增加。

地面的块料面层工程量按图示尺寸实铺面积计算，增加门洞、空圈、暖气包槽和壁龛的开口部分面积，并入相应的面层面积内。

相通两房间如用不同地面面层，门洞开口部分的分界线，以门扇关闭时为准。

楼梯面层工程量（包括梯段踏步、平台及宽度小于 500 mm 的楼梯井）按楼梯间净面积的水平投影面积乘以楼层数减一层计算。

台阶面层工程量（包括踏步及最上一步宽 300 mm）按台阶的水平投影面积计算。

踏脚板工程量按实际长度计算，洞口、空圈长度不予扣除，但洞口、空圈、垛、附墙烟囱等侧壁长度亦不增加。

散水、防滑坡道工程量按实际面积计算。散水面积等于散水宽度乘以散水中心线长度。

防滑条工程量按其长度计算，每根防滑条长度可按楼梯踏步宽度减 300 mm 计算。

第二节　人工和材料计算

完成某项工程所需人工工日数可按下式计算：

人工工日数＝工程量×综合工日定额

完成某项工程所需各种材料量可按下式计算：

材料耗用量＝工程量×材料耗用定额

各种材料均应分别计算。

第九章　安全技术

第一节　施工现场安全技术

一、个人劳动保护

参加施工的工人，要熟知安全技术规程；机械操作人员必须经过专业培训。

进入施工现场，必须戴安全帽，在没有防护设施的高空施工，必须系安全带。

施工现场的脚手架、防护设施、安全标志和警告牌。施工现场的洞、坑、沟、升降口、漏斗等危险处，应有防护设施或明显标志。

二、高空作业安全技术

从事高空作业的人员要定期体检。高空作业衣着要轻便，禁止穿硬底鞋。

高空作业所用材料要堆放平稳，工具应随手放如工具袋内。上下传递物件禁止抛掷。

遇有恶劣气候影响安全施工时，禁止进行露天高空作业。攀登用的梯子不得缺档，不得垫高使用。

三、脚手架使用安全技术

抹灰、饰面等用的外脚手架，其宽度不得小于 0.8 m，立杆间距不得大于 2 m；大横杆间距不得大于 1.8 m。脚手架允许荷载，每平方米不得超过 270 kg。脚手板需满铺，离墙面不得大于 20 cm，不得有空隙和探头板。

抹灰、饰面等用的里脚手架，其宽度不得小于1.2 m。横杆间距不得大于2 m。脚手板面离上层顶棚底不小于2 m。

不准在门窗、暖气片、洗面池等器物上搭设脚手架。

第二节　机械使用安全技术

一、砂浆搅拌机使用安全技术

砂浆搅拌机启动前，应检查搅拌机的传动系统、工作装置、防护设施等均应牢固、操作灵活。

砂浆搅拌机的搅拌运转中，不得用手或木棒等伸进搅拌筒内或在筒口清理砂浆。

砂浆搅拌机使用完毕，应做好搅拌机内外的清洗、保养及场地的清理工作。

二、灰浆输送泵使用安全技术

输送管道应有牢固的支撑，尽量减少弯管，各接头连接牢固，管道上不得加压或悬挂重物。

灰浆输送泵使用前，应进行空运转。启动后，待动转正常才能向泵内放砂浆。在短时间内不用砂浆时，可打开阀门使砂浆在泵体内循环运行。

工作中应注意压力表指示，如超过规定压力应立即查明原因排除故障。

作业后，应对输送泵进行全面清洗和做好场地清理工作。

三、空气压缩机使用安全技术

固定式空气压缩机必须安装平稳牢固。

空气压缩机作业环境应保持清洁和干燥。贮气罐和输气管每三年应做水压试验一次，试验压力为额定工作压力的150%。

启动空气压缩机必须在无载荷状态下进行，待运转正常后，再逐步进入载荷运转。

开启送气阀前，应将输气管道连接好，在出气口前不准有人工作或站立。空气压缩机运转正常后，各项仪表指示值应符合原厂说明书的要求。

每工作 2 h 需将油水分离器、中间冷却器、后冷却器内的油水排放一次。贮气罐内的油水每班必须排放一至两次。

停机时，应先卸去载荷，然后分离主离合器，再停止内燃机或电动机的运转。

四、水磨石机使用安全技术

水磨石机使用前，应仔细检查电器、开关和导线的绝缘情况，还需对机械部分进行检查。

水磨石机使用时，应对机械进行充分润滑，先进行试运转，待转速达到正常时再放落工作部分。

每班工作结束后，应切断电源，将机械擦试干净，停放在干燥处，以免电动机或电器受潮。

五、手持电动机具使用安全技术

手持电动工具作业前必须检查外壳是否有破损、保护接地连接是否正确、开关有无异常等。

手持电动工具启动后应空载运转，并检查工具联动应灵活无阻。作业中，不得用手触摸刃具、砂轮等，工具在运转时不得撒手。严禁超负荷使用，随时注意音响、温升，如发现异常应立即停机检查。作业时间过长，应停机待自然冷却后再行作业。

附录 1　技能鉴定习题集

初级抹灰工

一、理论部分（应会）

（一）是非题（对的画“√”，错的画“×”，答案写在每题括号内）

1. 民用建筑按其主体承重结构用料不同，可以分成不同的结构。（√）

2．砂浆配合比应符合设计要求。（√）

3．贮存期超过三个月的水泥，应按复查试验结果使用。（√）

4．麻刀、纸筋可提高抹灰层的抗拉强度，增加抹灰层的弹性和耐久性。（√）

5．抹灰是装饰装修工程中量最大，最主要的部分。（√）

6．装饰工程在基体或基层完工后，即可施工。（×）

7．室外抹灰工程施工，一般应自下而上进行。（×）

8．石灰砂浆内抹灰，可用水泥砂浆或水泥混合砂浆做标志和冲筋。（×）

9．建筑生石灰粉不易长期贮存。（√）

10．砖混结构是以砖墙或柱、钢筋混凝土楼板为主要承重结构。（√）

11．建筑施工图包括总平面图、平面图、建筑图、结构图、剖面图等。（√）

12．混合砂浆是由水泥、石灰粉、砂子按一定比例加水拌和而

成。(√)

13．水泥和水拌和后，只能在水中硬化，而不能在空气中硬化。(×)

14．屋顶主要起围护作用，保温、防水。(√)

15．建筑图纸上的标高是以米为单位。(√)

16．抹灰砂浆应用砂浆搅拌机搅拌。(√)

17．抹灰通常有底层、中层、面层组成。(√)

18．一般抹灰工程质量验收有主控项目和一般项目。(√)

19．文明施工，按操作规程施工也是建筑工人职业道德具体表现。(√)

20．使用砂浆搅拌机，要先将料倒入拌筒中，再接通搅拌机电源。(×)

21．抹灰工程所用的材料，应按设计要求选用，并应符合现行材料规范规定。(√)

22．抹灰工程用颜料加入砂浆可以改变砂浆的本色。(√)

23．对于墙面有抹灰的踢脚板，底层砂浆和面层砂浆可以一次抹成。(×)

24．室外墙面抹灰分格的目的就是为了美观。(×)

25．外窗台抹灰，下面应做滴水线或滴水槽。(√)

26．喷涂的质量标准比一般手工抹灰的质量标准低。(×)

27．装饰抹灰用的石粒，使用前必须冲洗干净。(√)

28．水泥砂浆和水泥混合砂浆抹灰层，应待前一层七八成干后，方可抹后一层。(×)

29．石灰砂浆底、中层抹灰洒水润湿后，即可抹水泥砂浆面层。(×)

30．抹灰砂浆底层主要是黏结作用。(√)

31．不同品种水泥抹灰时可以混合使用。(×)

32．墙面抹灰分格缝的位置应符合设计要求。(√)

33．拌制的砂浆要求具有合适的稠度良好的保水性。(√)

34．建筑材料发展方向应逐渐由天然材料转变为人造材料。(√)

35. 聚醋酸乙烯乳液可作为胶料使用。（√）

36. 抹灰工程分为一般抹灰和装饰抹灰。（×）

37. 抹灰中层主要起找平作用。（√）

38. 膨胀珍珠岩主要用于配制保温砂浆。（√）

39. 砂浆抹灰层在硬化后，不得受冻。（×）

40. 天然砂的含泥量应不大于3%。（√）

41. 假面砖抹灰层有底层、中层和面层。（√）

42. 瓷砖铺贴前，要先找好规矩，定出水平标准，进行预排。（√）

43. 石灰属于气硬性胶凝材料。（√）

44. 建筑石膏在运输和贮存时应防止受潮。（√）

45. 普通硅酸盐水泥和硅酸盐水泥是同一品种水泥。（×）

46. 抹灰要分层、相隔时间要符合要求。（√）

47. 砂浆的流动性即稠度与用水量、骨料粗细等有关，但与气候无关。（×）

48. 砂浆的保水性用分层度表示。（√）

49. 地面水磨石面层宜选用普通硅酸盐水泥或硅酸盐水泥。（√）

50. 白水泥是由白色硅酸盐水泥熟料加入适量石膏磨细制成。（√）

51. 抹灰工程在做好标志块后，即可进行抹灰。（×）

52. 水泥体积安定性不良，指水泥在硬化过程中体积不发生变化。（×）

53. 砂浆的和易性包括流动性和黏结力两个方面。（×）

54. 水泥砂浆保水性比石灰砂浆保水性好一些。（×）

55. 石膏罩面灰，应抹在水泥砂浆或混合砂浆基层上。（×）

56. 水泥砂浆地面压光一般不应少于3次。（√）

57. 水泥砂浆面层用的砂浆水灰比应控制在0.4。（√）

58. 不同品种、标号的水泥，可以一起堆放、使用。（×）

59. 装饰处理效果可通过质感、线条和色彩来反映。（√）

60. 用冷作法抹灰能使砂浆在负温度下硬化。（√）

61. 膨胀蛭石主要用于配制保温砂浆。（√）

62．喷涂时，门窗和不喷涂部位应采取措施，防止污染。（√）

63．陶瓷地砖铺贴前应进行排砖。（√）

64．每遍抹灰太厚或各层抹灰间隔时间太短，会引起抹灰层开裂。（√）

（二）选择题

1．施工中对材料质量发生怀疑时，应__C__，合格后方可使用。

A．全数检查　　B．分部检查

C．抽样检查　　D．系统检查

2．普通抹灰施工环境温度应于__C__以上。

A．0℃　　B．−5℃

C．5℃　　D．10℃

3．抹灰用外脚手架宽度不得小于__C__m。

A．1　　B．1.2

C．0.8　　D．0.5

4．水泥拌制砂浆，应控制在__A__用完。

A．初凝前　　B．初凝后

C．终凝前　　D．终凝后

5．室内墙面、门窗洞口护角、应用水泥砂浆，高度不应低于__C__。

A．1.5m　　B．1.8m

C．2m　　D．2.5m

6．冬期施工，抹灰时砂浆温度不宜低于__C__。

A．−5℃　　B．0℃

C．5℃　　D．10℃

7．石灰膏熟化时间一般不少于__C__。

A．5d　　B．10d

C．15d　　D．20d

8．外墙贴面砖时，均不得有__D__非整砖。

A．一行以上　　B．两行以上

C．三行以上　　D．一行

9．抹水泥砂浆每遍厚度为__A__。

A．5～7 mm　　B．7～9 mm

C．9～11 mm　　D．11～13 mm

10．外墙窗台滴水槽的深度不应小于__C__。

A．6 mm　　B．8 mm

C．10 mm　　D．12 mm

11．抹灰工程是属于__B__。

A．单项工程　　B．分项工程

C．分部工程　　D．单位工程

12．砂的质量要求颗粒坚硬洁净，含泥量不超过__C__。

A．1%　　B．2%

C．3%　　D．4%

13．抹灰的阴、阳角方正用直角检测尺检查，普通抹灰允许偏差__C__。

A．2mm　　B．3mm

C．4mm　　D．5mm

14．建筑石膏初凝时间应不小于__A__min。

A．6　　B．15

C．30　　D．10

15．甲基硅醇钠是一种__D__。

A．减水剂　　B．缓凝剂

C．速凝剂　　D．憎水剂

16．水磨石地面，使用未清洗过石子，质量通病是__C__。

A．空鼓　　B．裂缝

C．表面浑浊　　D．石子不均

17．屋面板代号是__B__。

A．KD　　B．WB

C．YB　　D．ZB

18．抹灰用的砂子为__B__混合使用。

A．粗砂，中砂和粗砂　　B．细砂、中砂和粗砂

C．细砂，细砂和中砂　　D．中砂，中砂和细砂

19．内墙面抹灰，普通抹灰表面平整度允许偏差__C__。

A．2mm　　B．3mm

C．4mm　　D．5mm

20．冷作法抹灰施工，砂浆稠度不宜超过__B__cm。

A．2～3　　B．4～5

C．7　　D．10

21．石膏灰面层厚度不得大于__A__mm。

A．2　　B．4

C．3　　D．1

22．涂抹石灰砂浆每遍厚度宜为__B__。

A．5～7mm　　B．7～9mm

C．9～11mm　　D．11～13mm

23．水刷石表面平整度允许偏差为__B__。

A．2mm　　B．3mm

C．4mm　　D．5mm

24．一般抹灰包括__D__。

A．水泥砂浆　　B．膨胀珍珠岩水泥砂浆

C．聚合物水泥砂浆　　D．以上都是

25．抹灰层的平均总厚度，按规范要求，普通抹灰为__B__。

A．18mm　　B．20mm

C．25mm　　D．30mm

26．木质素磺酸钠是__B__。

A．速凝剂　　B．减水剂

C．缓凝剂　　D．防水剂

27．基层为混凝土时，抹灰前应先刮__A__一道。

A．素水泥浆　　B．107 胶水溶液

C．107 胶　　D．以上都可以

28．普通抹灰，立面垂直度允许偏__C__。

A．2mm　　B．3mm

C．4mm　　D．5mm

29．槽形板的代号是__C__。

A．ZB　　B．YB

C．CB　　D．DB

30．当墙面高度超过__D__m 标筋应做成横向的。

A．2.0　　B．2.5

C．3.0　　D．3.5

31．大理石、釉面砖属于__A__材料。

A．脆性　　B．韧性

C．弹性　　D．以上都不是

32．石英砂在抹灰工程中经常用于配制__D__用。

A．防水砂浆　　B．耐热砂浆

C．保温砂浆　　D．耐腐蚀砂浆

33．在干热气候中，抹灰砂浆流动性应选择__A__。

A．大些　　B．小些

C．大小都可以　　D．与气候无关

34．水泥砂浆地面，砂浆稠度不应大于__A__。

A．3.5cm　　B．4.5cm

C．5cm　　D．6cm

35．外窗台滴水槽的深度不小于__C__。

A．6mm　　B．8mm

C．10mm　　D．12mm

36．一般民用建筑中，属于承重构件是__D__。

A．基础　　B．砖柱

C．楼梯　　D．以上都是

37．装饰抹灰包括__D__。

A．假面砖　　B．喷涂、滚涂

C．斩假石　　D．以上都是

38．高级抹灰立面垂直度允许偏差__B__。

A．2mm　　B．3mm

C．4mm　　D．5mm

39．连系梁的代号是__D__。

A．QL　　B．WL

C．GL　　D．LL

40．地面做水泥砂浆，采用水泥强度等级应大于__C__。

A．22.5　　B．32.5

C．42.5　　D．52.5

41．普通抹灰阴阳角方正允许偏差__C__。

A．2mm　　B．3mm

C．4mm　　D．5mm

42．建筑生石灰其主要成分是__D__。

A．氧化镁　　B．氧化钙

C．氢氧化钙　　D．碳酸钙

43．可作为增韧剂的材料是__A__。

A．羧甲基纤维素　　B．亚硝酸盐酒精废渣

C．石灰浆　　D．以上都可以

44．顶棚抹灰产生起泡主要原因是__B__。

A．底子灰太干　　B．灰浆没有收水

C．石灰质量　　D．以上都可能

45．阳台代号是__B__。

A．TB　　B．YT

C．TD　　D．WJ

46．水泥砂浆地面，面层压光工作应在__C__完成。

A．初凝前　　B．初凝后

C．终凝前　　D．终凝后

47．建筑石膏的主要成分是__D__。

A．全水石膏　　B．二水石膏

C．无水石膏　　D．半水石膏

48．水刷石表面脏，颜色不一致原因是__B__。

A．表面没有抹平压实　　B．原材料未一次配齐

C．配合比不准确　　D．以上都是

（三）计算题

1．外墙墙面采用 1∶1∶6 混合砂浆抹灰，外墙抹灰，面积为 3 000 m^2，门窗洞口面积为 100 m^2，其产量定额为 6.48 m^2/工日，采用一班制施工，班组出勤人数为 20 人。

试求：（1）完成该抹灰项目工日数（保留整数）

（2）完成该抹灰项目总天数

解：（1）总工日数：（3 000－100）÷6.48=449（工日）

（2）总工数：449÷20=22（d）

2．某工程内墙面抹灰采用 1∶3∶9 的混合砂浆，现场黄砂含水率为 3%，若每拌制一次的水泥用量两袋（一袋 50kg）。

求：此时条件下各种材料的用量是多少？

解：（1）水泥：50×2=100（kg）

（2）石灰膏用量：100×3=300（kg）

（3）黄砂：100×9（1＋3%）=927（kg）

3．按配合比计算，砂浆搅拌机每拌一次需加入黄砂 148kg，若现场黄砂的含率为 3%。

试问：湿砂用量应是多少？（精确至公斤）

解：湿砂用量=148×（1＋3%）＝152（kg）

（四）简答题

1．识图的基本知识包括哪些内容？

答：房屋的基本构造，轴线坐标的表示方法，水平尺寸、标高、图例和符号的表示方法，门窗型号和构件型号的写法以及图上的各种线条等都属于识图的基本知识。

2．地面水泥砂浆面层施工时应注意哪些事项？

答：（1）宜采用 1∶2 水泥砂浆，稠度不应大于 35 mm，水灰比控制在 0.4，面层厚度不小于 20 mm。

（2）宜采用硅酸盐水泥或普通硅酸盐水泥，强度等级不应小于 42.5。

（3）当面层的边长大于 6 m，应划分区格。

（4）水泥砂浆面层压光应不少于 3 次。

3．抹灰保证项目有哪些要求？

答：所有材料品种和性能必须符合设计要求。应分层进行。各抹砂层之间及抹灰层与基体之间必须黏结牢固。抹灰前要做好基层表面处理。

4．抹灰工程冬期施工的一般原则是什么？

答：一般抹灰工程应尽量在冬期前完成。如必须冬期施工时，应采用热作法或冷作法。凡不影响交工和使用的室外抹灰工程，宜推迟到初春化冻以后施工。

5．地面为什么要分格？

答：水泥砂浆地面或混凝土地面，由于气温影响发生热胀冷缩现象，致使地面产生不规则开裂。

为了防止地面出现不规则裂缝，影响使用和美观，所以在开间较大地面上要分格。

6．在搅拌砂浆时有哪些安全要点？

答：（1）非操作人员严禁开动砂浆搅拌机。

（2）使用砂浆搅拌机搅拌砂浆，往拌筒内投拌时，不准用脚踩或用铁锹、木棒等工具拨、刮拌和筒口，初拌时必须使用摇手柄，不准扳转拌筒或用铁锹拌入筒里抹灰。

7．一般民用建筑由哪些部分组成？

答：民用建筑一般由基础、墙或柱、楼地面、楼梯、屋面和门窗等部分组成。它们处在不同部位，发挥着各自的作用。

8．建筑工程施工图有哪些种类？

答：建筑工程施工图一般包括：（1）建筑施工图；（2）结构施工图；（3）给排水施工图；（4）采暖施工图；（5）通风施工图。

9．墙面普通抹灰应注意哪些质量问题？

答：（1）门窗框缝隙不严，产生空鼓、裂缝；（2）基层处理不当，如浇水不适，影响黏结力；（3）基层偏差过大，没有分层操作，产生干缩裂缝；（4）原材料和砂浆面之间位置达不到要求；（5）墙裙、踢脚等部易空鼓，操作时要特别注意。

10．在负温下砂浆受冻后有哪些后果？

答：负温下普通砂浆遭受冻结，内部水分因结冰体积膨胀，当膨胀力大于砂浆黏结力时，灰层开始遭到破坏。当温度升高时，砂浆融化，改变状态。冻融循环的结果使砂浆失去黏结。此外操作前砂浆已冻结，必将失去塑性无法施工。

11．什么是砂浆的泌水性？

答：泌水性又称析水性。即砂浆中析出部分拌和水的性能。一般是用水量超过砂浆保水能力，部分水就析出表面与骨料分离，导致砂浆分层，强度、黏结力降低。

12．一般内墙面抹灰操作工艺顺序是什么？

答：一般内墙面抹灰操作工艺顺序是：

基层表面处理→做门窗护角线→找规矩做灰饼→标筋→装挡抹底子灰→进行罩面灰→抹踢脚线（可先抹踢脚）。

13．水泥砂浆地面起砂的主要原因？

答：（1）用过期水泥或强度不够，水泥砂浆搅拌不均匀。

（2）配合比不准确，压光不适时。

二、操作部分（应会）

1．墙面普通抹灰

考核项目及评分标准

序号	项目	允许编差/mm	评分标准	满分	检测点					得分
					1	2	3	4	5	
1	抹灰层黏结		空鼓裂缝每一处扣5分，大面积空鼓本项目不得分	10						
2	表面平整度	4	大于4mm每处扣2分，表面毛糙接槎印、抹子印每处扣2分	10						
3	阴阳角方正	4	阴角垂直大于4mm每处扣2分，阴角顺直明显不顺直处每处扣2分	10						
4	立面垂直度	4	大于4mm每处扣2分	10						
5	分格条（缝）直线度	4	大于4mm每处扣2分	5						
6	安全文明施工		欠差，酌情扣分	5						

2．普通水磨石地面

考核项目及评分标准

序号	项目	允许编差/mm	评分标准	满分	检测点					得分
					1	2	3	4	5	
1	分格条（水平、垂直、清晰）		大于 3mm 每处扣 3 分，（接通线）不清晰处每处扣 2 分	10						
2	表面平整度	3	大于 3mm 每处扣 3 分，砂眼、磨纹每处扣 2 分	15						
3	黏结牢固		局部空鼓面积（大于 400 cm^2）每处扣 2 分，大面积起壳本项目不合格	10						
4	石粒均匀清晰		不均匀、不清晰酌情扣分	10						
5	安全文明施工	安全生产、落手清	欠差酌情扣分	5						

3．民用建筑外墙贴面砖

考核内容及评分标准

序号	测定项目	分项内容	评分标准	标准分	检测点					得分
					1	2	3	4	5	
1	浸砖、选砖	大小、颜色一致	颜色不一致酌情扣分，大小超过规定 1mm 每块扣 1 分	10						
2		排砖正确，非整砖位置适宜	阴阳角处压向横排有两排及以上非整砖不得分，阴阳非整砖位置不对酌情扣分，角压向不正确每处扣 2 分	10						
3	接缝、表面	表面光滑、平整，分格缝均匀顺直	表面平整超过 2mm 每处扣 2 分，有 5 处以上该项无分。接缝高低差在 1mm 以上每处扣 2 分，有 5 处以上该项无分。分格缝在 5m 内若宽窄有 2mm 以上偏差每处扣 3 分，有 3 条以上该项不得分。若平直度超 3mm 每处扣 2 分，有 5 条以上则无分	20						

序号	测定项目	分项内容	评分标准	标准分	检测点					得分
					1	2	3	4	5	
4	基层黏结	黏结牢固，无空鼓	两块连在一起的空鼓每块扣 2 分，5 处以上或大面积（10 块）不得分	20						
5	工具使用和维修	做好操作前工用具的准备，完工后做好工用具的维护	施工前、后进行两次检查，酌情扣分	10						
6	安全文明施工	安全生产落手清	有事故不得分，工完场未清不得分	15						
7	工效	定额时间	低于定额的 90%以下不得分，在 90%～100%内酌情扣分，超过定额适当加 1～3 分	15						

4．水泥梁、柱

考核内容及评分标准

序号	测定项目	分项内容	评分标准	标准分	检测点					得分
					1	2	3	4	5	
1	表面	平整、光洁	大于 4mm 每处扣 4 分，表面毛糙、铁板印、腻灰每处扣 2 分	15						
2	立面	垂直	大于 4mm 每处扣 2 分	10						
3	阴、阳角	垂直、方正	大于 4mm 每处扣 3 分	15						
4	尺寸	正确	±3mm，不符合要求本项无分	10						
5	黏结	牢固	局部起壳每处扣 2 分，大面积起壳本项目不合格	10						
6	线角	清晰	掉口、缺角、不清晰处角处扣 2 分	10						
7	工具使用维护	做好操作前工用具准备，完工后做好工用具维护	施工前后两次检查酌情扣分或不扣分	10						

序号	测定项目	分项内容	评分标准	标准分	检测点					得分
					1	2	3	4	5	
8	安全文明施工	安全生产、落手清	有事故无分，工完场不清不得分	5						
9	工效	定额时间	低于定额 90%不得分，在 90%～100%之间酌情扣分，超过者加 1～3 分	15						

5．水泥踢脚线

考核内容及评分标准

序号	测定项目	分项内容	评分标准	标准分	检测点					得分
					1	2	3	4	5	
1	表面	平整、光洁	表面平整大 3mm 每处扣 2 分，表面毛糙、有接槎印每处扣 2 分	15						
2	出墙	厚度一致	大于 2mm 每处扣 2 分，局部起壳≤40cm 每处扣 2 分，有裂缝、起包每处扣 2 分，大面积起壳本项不合格	10						
3	黏结	牢固		5						
4	上口	顺直、清晰	大于 4mm 每处扣 5 分，缺楞掉角每处扣 2 分，大于 3mm 每处扣 2 分，大于 1m 长本项无分	20						
5	立面	无勾、抛脚		10						
6	石灰修理	平整、无接槎	粗糙、接槎不平每处扣 2 分	10						
7	工具使用维护	做好操作前工用具准备，完工后做好工用具维护	施工前后两次检查酌情扣分或不扣分	10						
8	安全文明施工	安全生产、落手清	有事故不得分，工完场不清不得分	5						
9	工效	定额时间	低于定额 90%不得分，在 90%～100%之间酌情扣分，超过者加 1～3 分	15						

中级抹灰工

一、理论部分（应知）

（一）是非题（对的画“√”，错的画“×”，答案写在每题括号内）

1．从平面图中，可以清楚地看到房屋的长度和宽度以及门、窗等洞口位置。（√）

2．外墙面抹灰工程量按外墙面的垂直投影面积计算，再扣除应扣除的面积。（√）

3．水刷石适用于装饰外墙。（√）

4．抹灰的主要作用是使内外墙面及顶棚平整光滑、清洁美观。（√）

5．抹灰工程冷作法就是指抹灰用的砂浆直接用冷水拌和。（×）

6．釉面砖应用广泛，不仅能用于室内装饰，还可用在外墙装饰上。（×）

7．陶瓷锦砖控制其垂直、平整，主要关键在中层来达到高级抹灰标准。（√）

8．石膏花饰可用于室内外装饰。（×）

9．抹灰时，阳角处要用 1∶2 水泥砂浆抹出高 1.5～2m 护角。（×）

10．需要防水的部位要采用掺防水剂或防水粉的防水砂浆，不得用一般水泥砂浆。（×）

11．剁假石表面剁纹应均匀顺直，深浅一致。（√）

12．假面砖面层灰厚应为 3～4mm。（√）

13．质量标准分为合格、不合格两个等级。（×）

14．大理石饰面常用于厅堂馆所、饭店以及高级建筑的外墙装饰上。（×）

15．面砖镶贴要挑选规格相近的砖，浸水晾干后使用。（√）

16．从立面图中可以清楚地看到房屋的长度和宽度、高度及内外墙的装饰。（×）

17．拉条灰适用于装饰内墙面或外墙面。（√）

18．墙面装饰采用大理石，若块材边长大于 40cm，应采用安装方法。（√）

19．天然石饰面板的接缝和勾缝宜采用水泥砂浆，勾缝深度应符合设计要求。（√）

20．喷涂底层抹灰的质量与水泥砂浆抹面的质量是相同的。（√）

21．热作法施工是指在冬季施工时砂浆用热水拌和的一种施工方法。（×）

22．柱剁假石边缘剁纹应与其边棱呈垂直方向，中间墙面斩成水平纹。（×）

23．防水砂浆常用于地下室、水塔等需抹防水层的部位。（√）

24．看施工图总说明，能了解到各部位抹灰做法和工艺技术要求。（√）

25．建筑物按用途可分为民用建筑、工业建筑和商业建筑。（×）

26．面砖在潮湿环境中不产生吸湿膨胀现象。（×）

27．抹灰工程常用的水灰比，是指水与石灰和水泥的比例。（×）

28．质量主控项目是保证工程安全或使用功能的重要检验项目。（√）

29．砂浆的和易性包括黏结力和强度两个方面。（×）

30．大理石铺贴前要进行挑选，并进行试拼。（√）

31．膨胀蛭石主要用于配制保温砂浆。（√）

32．建筑总平面图是说明建筑物所在地理位置和周围环境的“整体布置图”。（√）

33．建筑详图是各建筑部位具体构造的施工依据。（√）

34．冬季施工采用冷作法，主要是提高操作环境温度，防止砂浆未达到强度之前受冻。（×）

35．大理石饰面板吸水率小，在铺设时可以不浸水，直接铺设。（×）

36．抹灰总厚度大于 35mm 应采取加强措施。（√）

（二）选择题

1．水泥砂浆防水层总厚度不应小于__A__mm。

A．20　　B．30

C．15　　D．40

2．水刷石表面坠裂式裂缝的原因主要是__A__。

A．面层厚薄不一　　B．面层太厚

C．面层太薄　　D．基层洒水不均

3．安装大理石灌浆时第一次不得超过板块高度的__B__。

A．1/2　　B．1/3

C．3/4　　D．1/5

4．建筑平面图就是将建筑物用于一个假想的水平面，沿__B__的地方切开来，将上面移走，再从上往下看的图。

A．顶棚以下　　B．窗口以上

C．窗口以下　　D．地面以上

5．大理石镶贴高度超过__A__m 时，应采用安装的方法。

A．3.0　　B．1.5

C．2.0　　D．2.5

6．斩假石表面平整度允许偏差__B__。

A．2 mm　　B．3 mm

C．4 mm　　D．5 mm

7．贴外墙面砖接缝高低允许偏差__B__。

A．0.5 mm　　B．1 mm

C．1.5 mm　　D．2 mm

8．釉面砖和外墙面砖宜采用 1∶2 水泥砂浆镶贴，砂浆厚度为__C__。

A．1～2 mm　　B．3～5 mm

C．6～10 mm　　D．11～13 mm

9．水泥砂浆地面，砂浆稠度不应大于__A__。

A．3.5 cm　　B．5 cm

C．6 cm　　D．7 cm

10．装饰工程是属于__C__。

A．分项工程　　B．单项工程

C．分部工程　　D．单位工程

11．剁假石施工用的石渣一般采用粒径为__B__mm。

A．1～2　　B．2～4

C．2～5　　D．以上都可以

12．工程质量等级划分为__A__。

A．合格一个等级　　B．合格、良、优三级

C．不合格、合格、良、优四级　　D．不合格、合格、优良三级

13．内墙面砖表面平整度的允许偏差为__D__。

A．0.5 mm　　B．1 mm

C．2 mm　　D．3 mm

14．高级抹灰表面平整度的允许偏差为__C__。

A．1 mm　　B．2 mm

C．3 mm　　D．4 mm

15．陶瓷锦砖可用在__D__。

A．室内墙面　　B．室外墙面

C．地面　　D．以上都可以

16．陶瓷锦砖地面表面平整度允许偏差__A__。

A．2 mm　　B．3 mm

C．4 mm　　D．5 mm

17．为防止抹灰层受冻，使其有较好和易性，可掺入__D__。

A．石灰膏　　B．水玻璃

C．石膏　　D．粉煤灰

18．从__D__上能看到明沟或散水坡具体构造做法。

A．立面图　　B．平面图

C．剖面图　　D．外墙大样图

19．水泥初凝是指水泥__B__时间。

A．开始硬化　　B．开始失去可塑性

C．开始产生硬度　　D．完全硬化

20.下面属于无机胶凝材料是__D__。

A．石膏　　B．水玻璃

C．水泥　　D．以上都是

21．水泥砂浆地面面层，水泥强度等级应不低于__C__。

A．22.5　　B．32.5

C．42.5　　D．52.5

22．釉面砖面层表面平整允许偏差__B__。

A．1 mm　　B．2 mm

C．3 mm　　D．4 mm

23．建筑安装工程技术标准是__A__依据。

A．施工　　B．检验

C．评定工程质量　　D．以上都是

24．在建筑平面图上不能看到__D__。

A．地坪标高　　B．内墙位置

C．窗间墙宽度　　D．抹灰做法

25．水泥终凝是指水泥__C__时间。

A．开始凝结　　B．开始硬化

C．开始产生强度　　D．完全硬化

（三）计算题

1．已知抹灰用水泥砂浆体积比为1∶4，砂的空隙率为32%（砂1 550 kg/m^3，水泥1 200 kg/m^3），试求重量比。

解：（1）扣除砂子空隙以后体积

$$(1+4)-4\times0.32=3.72\ \text{m}^3$$

（2）一个比例分数体积 $1\div3.72=0.26\ \text{m}^3$（水泥体积）

（3）砂子体积：$0.26\times4=1.04\ \text{m}^3$

（4）砂子用量：$1.04\times1\,550=1\,612$ kg

水泥用量：$0.26\times1\,200=312$ kg

（5）重量比：312∶1612

重量比即1∶5.17

2．某建筑物外墙面铺贴陶瓷锦砖，外墙总面积为 3 000 m^2，门窗面积为 1 000 m^2，定额为 0.556 2 工日/m^2。因工期紧采用两班制连续施工，每班出勤人数共计 46 人。

试求：（1）计划人工数；（2）完成该项工程总天数。

解：（1）计划人工数：（3 000－1 000）×0.556＝1 112 工日

（2）总天数：1 112÷46÷2＝12d

3．某工程内墙面抹灰，采用 1∶1∶4 混合砂浆。实验室配合比，每立方米所用材料分别为 42.5 水泥 281kg，石灰膏 0.23 m^3，中砂 1 403 kg，水 0.60 m^3，如果搅拌机容量为 0.2 m^3，砂的含水率为 2%，求：拌和一次各种材料的用量各为多少？

解：（1）水泥：0.2×281＝56kg

（2）石灰膏：0.2×0.23＝0.05kg

（3）中砂：0.2×1 403×（1＋2%）＝286kg

（4）水：0.2×0.6－0.286×2%＝0.12 m^3

4．某普通内墙抹灰，质量检测情况如下：

（1）主控项目检验合格。

（2）一般项目检验合格。

允许偏差项目：93%测点符合标准规定，其余点也基本达到标准的规定。

根据质量验收标准评定该分项工程："合格"。

5.某工程外墙面采用 1∶1∶6 混合砂浆抹灰，砂浆用量为 30 m^3，实验室配合比每立方米砂浆所用材料分别为 42.5 水泥 202 kg，石灰膏 0.17 m^3，中砂 1 515kg，施工现场黄砂的含水率为 2%、水 0.60 m^3。

试计算：完成该抹灰项目各种组成材料的用量。

解：水泥＝30×202＝6 060kg

石灰膏＝30×0.17＝5.1 m^3

中砂＝30×1 515×（1+2%）＝46 359kg

水＝30×0.6－46 359×2%＝17.07 m^3

6．某建筑工地有一堆黄砂，堆放体积为 10 m^3，现测得其堆积密度为 1 560 kg/m^3，含水率为 2%。

试问：此堆砂实际有多少公斤干黄砂？

解：

设：干黄砂为 x 公斤。

$$2\% = \frac{1\,560 \times 10 - x}{x} \times 100\%$$

$$0.002x = 15\,600 - x$$

$$x = 15\,294\ \text{kg}$$

答：实际有 15 294 kg 干黄砂。

7．某教室做现浇水磨石地面，纵墙中到中为 8 100 mm，横墙中到中为 6 000 mm，墙厚均为 240 mm 纵墙内侧各有 2 只附墙砖垛尺寸为 120 mm×240 mm。

试根据以上条件求磨石地面层的工程量。

解：s＝（8.1－0.24）×（6－0.24）－0.12×0.24×4

＝45.27－0.12＝45.15 m^2

答：水磨石工程量是 45.15 m^2。

8．某工程做防水砂浆抹灰，防水砂浆配合比为 1∶2．5∶0.96（重量比），再掺水泥重量 3%的防水剂，经计算此防水砂浆总用量为 2 550 kg。

试计算：各材料用量。

解：（1）水泥用量＝2 550× $\frac{1}{1+2.5+0.96+0.03}$ ＝567.93 kg

（2）砂用量＝2 550× $\frac{2.5}{1+2.5+0.96+0.03}$ ＝1 419.82 kg

（3）防水剂用量＝728.6×3%＝17.04 kg

（4）水用量= $\frac{0.96}{1+2.5+0.96+0.03}$ ×2 550=545.21 kg

（四）简答题

1．简述看建筑施工图的方法和步骤？

答：（1）看图一般方法是：由外向里看，由大看到小，由粗到细，图与说明互相看，建施图和结施图对着看，这样效果较好。

（2）看图步骤

1）看目录了解基本概况。

2）各类图纸是否俱全。

3）看总说明了解建筑概况，技术要求。

4）平、立、剖面图。

5）建筑施工图与结构施工图结合看。

6）各细部、构造、详图。

7）根据本工种需要掌握重点情况。

2．贴面砖时应注意哪些安全问题？

答：（1）操作地点必须清理干净，面砖碎片等不要抛向窗外，以免落地伤人。

（2）剔凿面砖时应戴防护镜，使用手持电动机时，必须有漏电保护装置，操作时戴绝缘手套。

（3）在夜间或阴暗处作业，应用36V以下低压设备。

（4）施工前应检查脚手架和作业环境，特别是孔洞口等保护措施是否可靠。

3．装饰施工雨季施工时要注意些什么？

答：（1）适当提高砂浆稠度，降低水灰比。

（2）防雨覆盖材料。

（3）搭临时棚操作，以免雨水冲刷。

（4）合理安排施工顺序（晴天在外，雨天在内）。

4．分项、分部工程是如何划分的？

答：分项工程一般按主要工种、材料、施工工艺等划分，例如：砖砌体、一般抹灰等。

分部工程应按专业性质、建筑部位划分，例如：地基与基础、主体结构、建筑装饰装修等。

5．水刷石阴角不清晰的主要原因是什么？

答：喷刷阴角时没有掌握好喷头的角度和喷水时间，如喷水的角度不对，喷出的水顺阴角流量比较大，产生相互折射作用，容易把石子冲洗掉；如喷刷的时间短，喷洗不干净，使阴角不清晰。

6．石膏为什么可做石膏花饰？

答：石膏凝结后不收缩，表面不会出现裂缝，可用排笔或毛笔轻刷，取得光洁的表面，有不合适地方易修整。

7．怎样控制釉面砖面的平整度和垂直度？

答：首先要做好底子灰，底子灰质量要达到标准然后控制砖面；按规矩做好标志块，镶贴过程随时校正平整度、垂直度，发现问题及时修整。

8．班组的文明施工有哪些主要措施？

答：（1）健全和制订生产岗位的文明生产责任制。

（2）实行班组成员分工责任制。

（3）实行班组文明生产评比考核制。

（4）搞好环境卫生和建立定期检查制度。

9．对墙体内一般抹灰有哪些要求？

答：抹灰施工时，应先清理基层、湿润，以保证底层砂浆与基层黏结。然后找规矩做灰饼、冲筋，这是保证墙面平整度的措施。由于抹灰砂浆强度低，阳角处容易碰坏，因此抹灰前，应在阴角、转角等处做水泥护角然后抹底、面层砂浆。

10．防水层渗漏的主要原因是什么？

答：各层抹灰的时间掌握不当，使砂浆黏结不牢。此外，在接槎处，穿墙管、楼板管洞处理不好，也容易造成局部渗漏。

11．灰线接阴角操作工艺要点有哪些？

答：（1）房间四周灰线抹完后，拆除靠尺切齐用力搓，再进行灰线之间的接头。

（2）先用抹子抹阴角处各层灰，当抹上出线灰和罩面灰后分别用接角尺接灰线。

（3）接时，一边轻挽成活灰线规矩，一边接阴角部位灰使之成形，接完后再接另一边。

（4）接时，两手端平接角尺，用力均匀，待灰线基本成型后，用小铁皮或接角器，修整光洁，不能有明显接槎。

12．饰面砖镶贴（安装），保证项目有哪些要求？

答：（1）饰面板大理石、预制水磨石板等材料的品种、规格、颜色、图案必须符合设计要求和有关标准的规定。

（2）饰面板镶贴（安装）必须牢固、无歪斜、缺楞、掉角和裂缝等缺陷。

13．材料验收主要工作有哪些？

答：（1）核对入场（库）材料凭证，材料领（拨）单，质量检验合格证，化学成分分析等。

（2）分数量、品种、规格检验；对按重量供应材料应过秤，按数量供应的材料应计点件数。

（3）对凭证不齐材料，应作待验材料处理，待凭证到齐后验收使用。

（4）规格、质量不符要求的材料不准使用。

14．操作工人的“三检制”工程质量检验主要包括哪些内容？

答：（1）自检：操作者自我把关，按分项工程质量检验评定标准，随时自我操作检查，整改。

（2）互检：同班组工人，按标准随时对他人操作质量检查并整改。

（3）交接检：上道工序的施工班组完成后，向下道工序的班组进行交接检查验收。

15．水刷石墙面脏、颜色不一致的主要原因是什么？

答：（1）墙面没有抹平压实，在凹纹内水泥浆没有冲洗干净，或者是最后没有用水壶冲洗干净。

（2）对于原材料一次备料不够，追加材料与原使用材料颜色不一样，或配合比前后不一样。

16．饰面板大理石墙面碰损、污染由哪些因素造成的？

答：（1）由于块材安装未能及时清洗墙面残留的砂浆。

（2）安装后成品保护不好。

（3）与酸碱类化学物品和有色液体接触。

（4）搬运安装过程中碰坏。

17．陶瓷锦砖分格缝不均，墙面不平整主要原因是什么？

答：（1）施工前没有认真按照图纸尺寸核实结构实际情况，施工时对基层处理不认真，贴灰饼控制点少，造成墙面不平整。

（2）弹线排砖不仔细，施工时选砖不细，每张陶瓷锦砖规格尺寸不一致，操作不当等造成分格缝不均。

18．室内面砖镶贴，拼缝不直的主要原因是什么？

答：（1）在施工前没有认真按施工图纸要求，核对结构施工的实际情况。

（2）分格线弹线和排砖不仔细。

（3）面砖规格尺寸偏差较大，挑砖不仔细或操作方法不当，都会产生拼缝不直或不匀。

二、操作部分（应会）

1．水泥砂浆外窗台抹灰

考核内容及评分标准

序号	项目	允许编差/mm	评分标准	满分	检测点					得分
					1	2	3	4	5	
1	抹灰层黏结		有空鼓裂缝酌情扣分	10						
2	表面平整度	2	大于 2 mm 每处扣 0.5 分，表面毛糙接槎印、抹子印每处扣 0.5 分	10						
3	高度出墙		大于 2 mm 每处扣 2 分	10						
4	滴水槽	平直、尺寸正确（深宽度 10 mm）	不平直大于 2 mm 扣 3 分，深度、宽度误差扣 2 分	10						
5	流水坡度	凹挡正确	倒泛水，不坐进窗挡每处扣 1 分，凹挡不顺扣 2 分	10						
6	立面阳角方正	垂直	大于 1 mm 每处扣 1 分	10						

2．（内墙面）饰面砖粘贴

考核内容及评分标准

序号	项目	允许编差/mm	评分标准	满分	检测点					得分
					1	2	3	4	5	
1	立面垂直度	2	超过 2mm 一处扣 2 分，超过 5mm 不得分	10						
2	表面平整度	3	超过 3mm 一处扣 2 分，超过 5mm 不得分	10						
3	阴阳角方正	3	超过 3mm 酌情扣分	5						
4	接缝直线度	2	大于 2mm 每处扣 2 分	10						
5	接缝高低差	0.5	大于 1mm 每处扣 2 分	10						
6	接缝高度	1	超过 1mm 一处扣 1 分，超过 3mm 不得分	5						

3．某钢筋混凝土结构抹砂浆防水层

考核项目及评分标准

序号	测定项目	分项内容	评分标准	满分	检测点					得分
					1	2	3	4	5	
1	基层处理	蜂窝，松散混凝土，油污的处理	不符合要求酌情扣分或不得分	15						
2	每层防水砂浆	每层作法正确，无空裂	每层作法厚度不符合要求扣 1～3 分，接槎位置不对、有空裂不得分	15						
3	面层	表面光洁	平整度超过 2mm 每处扣 1 分，表面毛糙有抹印每处扣 1 分，超过 5 处不得分，不顺直每条扣 2 分	15						
4	阴阳角	圆滑捋光压实，顺直	阴阳角没做成圆角不得分，阳角半径小于 50mm、阴角半径小于 10mm 每处扣 2 分，不顺直每条扣 2 分，没抹光压实每处扣 2 分	15						

序号	测定项目	分项内容	评分标准	满分	检测点					得分
					1	2	3	4	5	
5	工具使用和维护	做好操作前工、用具的准备，完工后做好用具的维护	施工前、后进行两次检查，酌情扣分或不扣分	10						
6	安全文明施工	安全生产落手清	工完场不清不得分，有事故不得分	15						
7	工效	定额时间	低于额定的 90%不得分，在 90%～100%酌情扣分或不扣分，超过者适当加 1～3 分	15						

4．马赛克墙、地面

考核内容及评分标准

序号	测定项目	分项内容	评分标准	满分	检测点					得分
					1	2	3	4	5	
1	表面	平整、洁净	大于 2mm 每处扣 4 分，表面污染每处扣 2 分	15						
2	接缝	平直、宽窄一致	瞎缝每处扣 1 分，不密实每处扣 1 分，宽窄不一致每处扣 1 分	15						
3	马赛克	完整、无缺楞掉角	缺楞掉角每处扣 1 分	10						
4	黏结	牢固	脱落、起壳每处扣 1 分	10						
5	阴、阳角立面	垂直（墙面）	大于 4mm 每处扣 4 分	15						
6	标高、泛水	正确（地面）	泛水、标高不正确本项无分，较严重的倒泛水等本项目不合格	15						
7	工具使用维护	做好操作前工用具准备、完成后工用具维护	施工前后两次检查酌情扣分或不扣分	15						
8	安全文明施工	安全生产落手清	有事故不得分，工完场不清不得分	5						
9	工效	定额时间	低于定额 90%不得分，在 90%～100%之间酌情扣分，超过者适当加 1～3 分	10						

5．水泥楼梯

考核内容及评分标准

序号	测定项目	分项内容	评分标准	满分	检测点					得分
					1	2	3	4	5	
1	踏步口	平直	大于 2mm 每处扣 2 分	10						
2	踏步	宽窄一致 高低一致	相邻踏步超过 4mm 每处扣 4 分	10						
3	表面	平整、光洁	大于 3mm 每处扣 2 分，表面毛糙、接槎印，铁板印每处扣 1 分	20						
4	立面	抛、勾脚（勾脚按设计要求）	大于 2mm 每处扣 2 分	10						
5	黏结	牢固	局部起壳每处扣 2 分，大面积起壳本项不合格	10						
6	线角	清晰尺寸正确	不清晰、缺楞、掉角每处扣 2 分	10						
7	防滑条		大于 3mm 本项无分，1～2mm 酌情扣分	5						
8	工具使用维护	做好操作前工用具准备、完成后工用具维护	施工前后两次检查酌情扣分或不扣分	10						
9	安全文明施工	安全生产落手清	有事故不得分，工完场不清不得分	5						
10	工效	定额时间	低于定额 90%不得分，在 90%～100%之间酌情扣分，超过者适当加 1～3 分	10						

6．大理石墙、柱面或地面

考核内容及评分标准

序号	测定项目	分项内容	评分标准	满分	检测点					得分
					1	2	3	4	5	
1	选料	正确	选料排列色泽不符合设计要求本项无分	10						
2	黏结	牢固高低一致	起壳每块扣 2 分	10						
3	表面	平整、光洁	大于 1mm 每处扣 2 分，表面不洁净本项无分	10						
4	接缝	平直、宽窄一致	大于 1mm 每处扣 2 分，宽窄不一致大于 1mm 每处扣 1 分	10						
5	相邻高低	符合要求	大于 0.5mm 每处扣 4 分	15						
6	阴、阳角立面	方正、垂直（墙柱前）	大于 2mm 每处扣 4 分	15						
7	标高泛水	正确（地面）	泛水、标高不正确本项无分，较严重倒泛水本项无分	15						
8	工具使用维护	做好操作前工用具准备、完成后工用具维护	施工前后两次检查酌情扣分或不扣分	5						
9	安全文明施工	安全生产落手清	有事故不得分，工完场不清不得分	5						
10	工效	定额时间	低于定额 90%不得分，在 90%～100%之间酌情扣分，超过者适当加 1～3 分	5						

高级抹灰工

一、理论部分（应知）

（一）是非题（对的画“√”，错的画“×”，答案写在每题括号内）

1．施工图是指能够直接指导施工的设计图纸。（√）

2．常用构件代号板代号为“B”，墙板的代号为“TB”。（×）

3．平面图的面积计算公式是 $S=\pi R^2=\dfrac{\pi D^2}{4}$，扇形面积计算公式是 $S=\dfrac{n^\circ}{360^\circ}\pi R^2=\dfrac{1}{2}Rl$。（√）

4．普通硅酸盐水泥是由硅酸盐水泥熟料、6%～15%混合料，加适量石膏磨细制的气硬性胶凝材料。（×）

5．建筑消石灰粉的合格品适用于饰面层。（×）

6．建筑石膏的初凝时间不应小于 10 min，终凝时间应不大于 30 min。（×）

7．石英砂主要用于配制耐腐蚀砂浆。（√）

8．聚醋酸乙烯乳液俗称白乳胶。（√）

9．分散剂主要作用能使面层颜色均匀一致。（√）

10．纤维材料掺入抹灰砂浆中，能提高抹灰层抗拉强度，但会降低抹灰层的弹性。（×）

11．抹于地面的砂浆起着黏结、衬垫和传递应力的作用。（√）

12．抹灰层在中间层与面层之间还可以增加结合层。（√）

13．抹灰砂浆的配比是指各组成材料的体积比，但在现场施工中，由于水泥、细骨料等体积不易测量，一般会将其体积折算成重量比。（√）

14．砂浆的保水性是指砂浆的稀稠程度。（×）

15．抹灰工程应分层进行，不同抹灰层的强度不能相差太大。

（√）

16．抹灰工程的砂浆宜选用硅酸盐水泥、普通硅酸盐水泥，彩色砂浆宜选用矿渣硅酸盐水泥。（×）

17．彩色砂浆选用的颜料应耐碱、耐光。（√）

18．在混凝土墙面抹灰前，宜在基层上刷素水泥浆一道。（√）

19．在不同的基层上抹灰，砖墙的抹灰厚度一般厚于混凝土墙。（√）

20．墙、柱的阳角和门窗洞口的阳角，应用 1∶2 水泥砂浆做护角，护角高度从地面算起应不小于 1.8 m。（×）

21．高级抹灰表面应光滑、洁净、颜色均匀、无抹纹，分格缝和灰线应清晰美观。（√）

22．水刷石、干粘石适用于装饰外墙。（√）

23．假面砖表面应平整、沟纹清晰、色泽一致。（√）

24．假面砖、拉毛抹灰、拉条抹灰、仿石抹灰属于装饰抹灰工程，也可以属于高级抹灰工程。（×）

25．人造大理石有强度要求，在装饰工程中不易加工。（√）

26．水泥砂浆面层应使用强度等级的水泥不小于 42.5。（√）

27．面层的边长大于 8 m 时，面层施工应划分区格。（×）

28．冬期施工，砂浆搅拌时温度不应低于 25℃，使用时不得低于 10℃。（×）

29．冬期施工，采用冷作法，主要是指在抹灰砂浆中掺加化学外加剂。（√）

30．抹灰、饰面等，用的外脚手架，其宽度不得小于 0.8 m。（√）

（二）选择题（答案写在括号内）

1．水泥正常情况下，能达到标号的是（B）。

A．100%　　B．95%

C．80%　　D．70%

2．主要表示内部的结构形式、分隔与各部位联系是（C）。

A．立面图　　B．平面图

C．剖面图　　D．总平面图

3．当抹灰总厚度大于或等于（C）mm 时，应采取加强措施。

A．25　　B．30

C．35　　D．20

4．用砂浆搅拌机搅拌砂浆，每盘搅拌时间不得少于（B）。

A．40s　　B．90s

C．60s　　D．120s

5．水泥砂浆抹完后，常温下（C）后应喷水养护。

A．12 小时　　B．8 小时

C．24 小时　　D．4 小时

6．罩面用的磨细石灰粉的熟化期不应少于（A）。

A．3d　　B．2d

C．5d　　D．4d

7．面层抹灰赶平压实后，石膏灰不得大于（A）。

A．2mm　　B．3mm

C．1mm　　D．4mm

8．瓷砖在粘贴前没有用水浸泡，会造成（A）。

A．空鼓　　B．表面泛碱

C．不平整　　D．强度低

9．瓷砖的吸水率不得大于（B）。

A．20%　　B．18%

C．10%　　D．5%

10．人造大理石板的吸水率应不大于（D）。

A．2%　　B．1.5%

C．1%　　D．0.15%

11．抹灰线一般用四道灰抹成，出线灰一般用（C）。

A．1∶2 水泥砂浆　　B．纸筋灰

C．1∶2 石灰砂浆　　D．石膏灰

12．水泥砂浆地面，砂浆稠度不应大于（A）。

A．35 mm　　B．45 mm

C．55 mm　　D．60 mm

13．抹石膏灰线，应在（A）抹完罩面灰。

A．30 min　　B．15 min

C．10 min　　D．5 min

14．大理石板材尺寸不大于 300 mm×300 mm（厚度为 8～12 mm），适用于粘贴高度低于（A）的部位。

A．3 m　　B．4 m

C．4.5m　　D．5 m

15．吸声效果好的装饰抹灰，宜采用（C）。

A．拉假石　　B．假面砖

C．拉条灰　　D．仿石

（三）简答题

1．仿石抹灰应注意哪些施工要点？

答：用料：底层灰用 12 mm 厚 1∶3 水泥砂浆，结合层用素水泥浆，面层用 10 mm 厚 1∶0.5∶4 水泥石灰砂浆。

（1）在底层按设计图案弹出分块线；

（2）洒水湿润底层，用稠水泥浆将分格条贴紧在线上；

（3）抹石泥石灰砂浆面层灰，用木抹子搓平；

（4）待面层稍收水后，用竹丝帚扫出清晰的条纹；

（5）取出分格条，用水泥砂浆勾缝，养护。

（6）面层干燥后，清洁墙面，刷涂乳胶涂料（分格缝处不涂刷）。

2．抹灰工程验收时应检查哪些文件和记录？

答：（1）抹灰工程的施工图、设计说明及其他设计文件；

（2）材料的产品合格证书、性能检测报告、进场验收记录和复验报告；

（3）隐蔽工程验收记录；

（4）施工记录。

3．抹灰工程对哪些隐蔽工程项目要进行验收？

答：（1）抹灰总厚度大于或等于 35 mm 时的加强措施；

（2）不同材料基体交接处的加强措施。

4．清水砌体勾缝工程主控项目和一般项目有哪些主要内容？

答：主控项目有：

勾缝所用水泥的凝结时间和安定性复验应合格。砂浆的配合比应符合设计要求。

一般项目有：

勾缝应横平竖直，交接处应平顺，宽度和深度应均匀，表面应压实抹平。缝应颜色一致，砌体表面应洁净。

5．防水砂浆抹灰应掌握哪些操作要点？

答：（1）基层处理，达到防水砂浆抹灰要求；

（2）刚性防水层，应做到多层交叉抹面；

（3）水泥防水砂浆稠度宜控制在 70～80 mm，并做到随拌随用；

（4）掺外加剂的水泥砂浆防水层均需两层铺抹，表面应压光，砂浆厚度不应小于 20 mm；

（5）结构阴阳角处均要做成圆弧形；

（6）防水层的施工缝要留斜坡阶梯形槎，施工缝必须离开阴阳角处 200 mm 处。

6．普通抹灰工程如何组织施工？

答：室外抹灰一般是由上而下。室内抹灰工程当主体结构已经封顶，宜采用由上而下，这样能保证抹灰工程质量，又能保证安全。室内抹灰工程如采用由下而上，有利于缩短工期但组织协调难度大。室内同一层抹灰工程，一般先做楼地面，再做顶棚，最后做墙面。一般是先室外、后室内。

7．挂贴饰面板安装应注意哪些施工要点？

答：挂贴饰面板一般适用于板厚 20～30 mm 的花岗岩板或大理石板。

施工要点：

（1）墙体应设置锚固件，将钢筋网焊接于锚固件上；

（2）在饰面板上下边各钻不少两个直径为 5 mm 的孔，利于穿入铜丝，把饰面板绑牢于钢筋网上（饰面板的背面距墙面应不小于 5 mm）；

（3）每安装横向一行饰面板后，要进行灌浆（用 1∶2.5 水泥砂浆），每层灌浆高度宜为 150～200 mm 灌浆要密实；

（4）待水泥砂浆硬化后，清除填缝材料，清洗饰面板表面。光面或镜面饰面板要打蜡擦亮。

8. 哪些原因会造成水泥砂浆面层产生不规则裂缝？如何治理？

答：（1）产生裂缝的主要原因：

1）水泥安定性不合格或不同品种、不同强度等级的水泥混用；

2）水泥砂浆过稀或砂浆搅拌不均匀；

3）面层厚度不一，收缩不均匀；

4）面积较大的面层未留伸缩缝；

5）没有及时养护或养护不好；

6）使用外加剂过量。

（2）防治办法：

裂缝数量较少，且裂缝较细，无防水要求，可不作修补。

裂缝较深又宽，应沿裂缝处凿开 500mm（凿进缝深 10～20mm，清理干净，浇水湿润，内配双方钢筋网，浇筑 C20 细石混凝土，面层抹 1∶1.5 水泥砂浆，拍实、抹平、压光。

9. 抹灰工程冬期施工有哪些主要方法？

答：（1）热作法。利用临时热源来提高和保持施工环境温度，使砂浆在正温度下硬化。热作法适用于室内抹灰及饰面镶贴。

（2）冷作法。在砂浆中掺入外加剂（氯化钠、氯化钙等），以降低砂浆的冰点，使砂浆在负温度下硬化。

10. 抹灰工程人工和材料的计算方法？

答：完成某项工程所需人工工日数计算方法：人工工日数=工程量×综合工日定额；完成某项工程所需的材料计算方法：材料耗用量=工程量×材料耗用定额。各种材料需用量均应分别计算。

11.施工现场安全技术主要有哪些内容？

答：个人劳动保护；高空作业安全技术；脚手架使用安全技术；机械及小型机具使用安全技术。

二、操作部分（应会）

1．向初、中级工讲授装饰抹灰工程主控项目、一般项目。

考核项目及评分标准：

（1）讲解内容全面（主控项目 4 项、一般项目 4 项）。8 分。漏一项扣 1 分。

（2）条理清晰、语言表达生动，能举例讲解。12 分。达不到要求酌情扣分。

（3）逻辑性强。10 分

逻辑性不强酌情扣分。

（4）学员反映。10 分。

讲解效果欠佳扣 4 分，效果不好扣 6 分。

2．饰面板墙面（大理石板）安装。

考核项目及评分标准

序号	项目	允许偏差/mm	评分标准	满分	检测点					得分
					1	2	3	4	5	
1	立面垂直度	2	超过 2mm 一处扣 2 分，超过 5mm 不得分	10						
2	表面平整度	2	超过 2mm 一处扣 2 分，超过 4mm 不得分	10						
3	接缝直线度	2	超过 2mm 一处扣 2 分，超过 4mm 不得分	10						
4	接缝高低差	0.5	超过 0.5mm 一处扣 2 分，超过 1mm 不得分	15						
5	接缝宽度	1	超过 1mm 一处扣 2 分，超过 2mm 不得分	15						

3．抹水泥柱帽

考核内容及评分标准

序号	测定项目	分项内容	评分标准	满分	检测点					得分
					1	2	3	4	5	
1	抹灰黏结层	黏结牢固无空鼓裂缝	空鼓裂缝每处扣 5 分	20						
2	表面	光洁	接槎印、抹子印每处扣 3 分，表面毛糙无分	15						
3	尺寸	正确	偏差大于 2mm 每处扣 5 分，大于 4mm 无分	20						
4	弧度	一致	不正确处每处 2 分，5 处以上不正确无分	15						
5	工具使用	维护做好操作前工具准备，完成后工用具维护	施工前后两次检查酌情扣分或不扣分	10						
6	安全文明施工	安全生产、落手清	有事故不得分，工完场不清不得分	5						
7	工效	定额时间	低于定额 90%不得分，在 90%～100%之间酌情扣分，超过定额以上加 1～3 分	15						

4．做石膏装饰

考核项目及评分标准

序号	测定项目	分项内容	评分标准	满分	检测点					得分
					1	2	3	4	5	
1	花饰黏结	黏结牢固无裂缝翘曲和掉角	黏结不牢固、裂缝翘曲等缺陷本项无分接缝不严密、不吻合每处扣1分	15						
2	接缝	严密吻合		15						
3	装饰	位置正确	位置不正确本项无分	10						
4	表面	光洁图案清晰	粗糙，不清晰每处扣1分	15						
5	线条	流畅	大于1mm每处扣1分	15						
6	工具使用维护	工具设备、使用和维护工具	做好操作前工用具准备，做好工、用具维护	5						
7	安全文明施工	安全生产落手清	有事故不得分，落手清未做无分	10						
8	工效	定额时间	低于国家劳动定额10%本项无分，在10%范围内酌情扣分，超过定额加1～3分	15						

5．制作阴阳模

考核内容及评分标准

序号	测定项目	分项内容	评分标准	满分	检测点					得分
					1	2	3	4	5	
1	图案放样	符合设计要求	图案不正确，局部变形每处扣5分，3处以上本项目不合格	15						
2	选材料	正确	材料不正确本项无分	10						
3	图案	清晰正确	局部不清晰每处扣5分，达不到要求本项目不合格	10						
4	模内	光滑	裂缝、粗糙每处扣2分	10						
5	层次	分明	层次不分明每处扣2分	10						
6	模尺寸	正确	大于1mm每处扣4分	20						
7	工具使用维护	做好操作前，工用具准备，完工后做好工用具维护	施工前后，进行两次检查酌情扣分	10						
8	安全文明施工	安全生产，落手清	有事故不得分，工完场未清不得分	5						
9	工效	规定时间	低于规定时间90%不得分，在90%～100%之间的酌情扣分，超过定额加1～3分	10						

6．墙面喷涂石灰浆涂料

考核内容及评分标准

序号	测定项目	评分标准	满分	检测点					得分
				1	2	3	4	5	
1	掉粉、起皮漏刷、透底	发现掉粉、起皮、漏刷、透底本项目无分	15						
2	反碱、咬色流坠疙瘩	允许少量出现，大量出现扣 10 分	15						
3	喷点、刷纹	2m 正视喷点均匀，刷纹通顺	10						
4	装饰线、分色线平直	偏差不大于 3mm，大于 3mm 适当扣分	15						
5	门窗、灯具	不洁净适当扣分	15						
6	工完场清文明施工	工、用具准备、维护工完场清	5						
7	安全	无安全事故	10						
8	工效	低于定额 90%者无分，在 90%～100%酌情扣分，超过定额者适当加 1～3 分	15						

7. 按图组织一般工程抹灰施工

考核项目及评分标准

序号	测定项目	评分标准	满分	检测点					得分
				1	2	3	4	5	
1	计算工程量	允许偏差±5%，超 5%每超 1%扣 2 分	10						
2	材料预算	允许偏差±5%，超 5%每超 1%扣 2 分	10						
3	人工预算	允许偏差±5%，超 5%每超 1%扣 2 分	10						
4	施工组织（方案）	人、机、物安排不合理本项无分	15						
5	用料正确	不正确本项无分	5						
6	质量验收评定	漏项每处扣 2 分，错误本项无分	10						
7	安全措施	漏项每处扣 2 分	10						
8	施工计划	不合理本项无分	10						
9	工艺流程	编制工艺卡，优 15 分，良 10 分，一般 5 分，差无分	10						
10	工效	按劳动定额执行，在 90%以下不得分，在 90%～100%酌情扣分，超过定额者适当加 1～3 分	10						

附录 2　建筑装饰装修工程质量验收规范：抹灰工程部分

抹灰工程

4.1　一般规定

4.1.1 本章适用于一般抹灰、装饰抹灰和清水砌体勾缝等分项工程的质量验收。

4.1.2 抹灰工程验收时应检查下列文件和记录：

1 抹灰工程的施工图、设计说明及其他设计文件。

2 材料的产品合格证书、性能检测报告、进场验收记录和复验报告。

3 隐蔽工程验收记录。

4 施工记录。

4.1.3 抹灰工程应对水泥的凝结时间和安定性进行复验。

4.1.4 抹灰工程应对下列隐蔽工程项目进行验收：

1 抹灰总厚度大于或等于 35mm 时的加强措施。

2 不同材料基体交接处的加强措施。

4.1.5 各分项工程的检验批应按下列规定划分：

1 相同材料、工艺和施工条件的室外抹灰工程每 500～1000 m^2 应划分为一个检验批，不足 500 m^2 也应划分为一个检验批。

2 相同材料、工艺和施工条件的室内抹灰工程每50个自然间（大面积房间和走廊按抹灰面积 30 m^2 为一间）应划分为一个检验批，不足50间也应划分为一个检验批。

4.1.6 检查数量应符合下列规定：

1 室内每个检验批应至少抽查10%，并不得少于3间；不足3间时应全数检查。

2 室外每个检验批每100 m^2 应至少抽查一处，每处不得小于10 m^2。

4.1.7 外墙抹灰工程施工前应先安装木门窗框、护栏等，并应将墙上的施工孔洞堵塞密实。

4.1.8 抹灰用的石灰膏的熟化期不应少于15d；罩面用的磨细石灰粉的熟化期不应少于3d。

4.1.9 室内墙面、柱面和门洞口的阳角做法应符合设计要求。设计无要求时，应采用1∶2水泥砂浆做暗护角，其高度不应低于2m，每侧宽度不应小于50mm。

4.1.10 当要求抹灰层具有防水、防潮湿功能时，应采用防水砂浆。

4.1.11 各种砂浆抹灰层，在凝结前应防止快干、水冲、撞击、振动和受冻，在凝结后应采取措施防止玷污和损坏。水泥砂浆抹灰层应在湿润条件下养护。

4.1.12 外墙和顶棚的抹灰层与基层之间及各抹灰层之间必须黏结牢固。

4.2 一般抹灰工程

4.2.1 本节适用于石灰砂浆、水泥砂浆、水泥混合砂浆、聚合物水泥砂浆和麻刀石灰、纸筋石灰、石膏灰等一般抹灰工程的质量验收。一般抹灰工程分为普通抹灰和高级抹灰，当设计无要求时，按普通抹灰验收。

主控项目

4.2.2 抹灰前基层表面的尘土、污垢、油渍等应清除干净，并应洒水润湿。

检验方法：检查施工记录。

4.2.3 一般抹灰所用材料的品种和性能应符合设计要求。水泥的凝结时间和安定性复验应合格。砂浆的配合比应符合设计要求。

检验方法：检查产品合格证书、进场验收记录、复验报告和施工记录。

4.2.4 抹灰工程应分层进行。当抹灰总厚度大于或等于 35mm 时，应采取加强措施。不同材料基体交接处表面的抹灰，应采取防止开裂的加强措施，当采用加强网时，加强网与各基体的搭接宽度不应小于 100mm。

检验方法：检查隐蔽工程验收记录和施工记录。

4.2.5 抹灰层与基层之间及各抹灰层之间必须黏结牢固，抹灰层应无脱层、空鼓，面层应无爆灰和裂缝。

检验方法：观察；用小锤轻击检查；检查施工记录。

一般项目

4.2.6 一般抹灰工程的表面质量应符合下列规定：

1 普通抹灰表面应光滑、洁净、接槎平整，分格缝应清晰。

2 高级抹灰表面应光滑、洁净、颜色均匀、无抹纹，分格缝和灰线应清晰美观。

检验方法：观察；手摸检查。

4.2.7 护角、孔洞、槽、盒周围的抹灰表面应整齐、光滑；管道后面的抹灰表面应平整。

检验方法：观察。

4.2.8 抹灰层的总厚度应符合设计要求；水泥砂浆不得抹在石灰砂浆层上；罩面石膏灰不得抹在水泥砂浆层上。

检验方法：检查施工记录。

4.2.9 抹灰分格缝的设置应符合设计要求，宽度和深度应均匀，表面应光滑，棱角应整齐。

检验方法：观察；尺量检查。

4.2.10 有排水要求的部位应做滴水线（槽）。滴水线（槽）应整齐顺直，滴水线应内高外低，滴水槽的宽度和深度均不应小于 10mm。

检验方法：观察；尺量检查。

4.2.11 一般抹灰工程质量的允许偏差和检验方法应符合表 4.2.11 的规定。

表 4.2.11　一般抹灰的允许偏差和检验方法

项次	项目	允许偏差/mm		检验方法
1	立面垂直度	普通抹灰	高级抹灰	用 2m 垂直检测尺检查
2	表面平整度	4	3	用 2m 靠尺和塞尺检查
3	阴阳角方正	4	3	用直角检测尺检查
4	分格条（缝）直线度	4	3	拉 5m 线，不足 5m 拉通线，用钢直尺检查
5	墙裙、勒脚上口直线度	4	3	拉 5m 线，不足 5m 拉通线，用钢直尺检查

注：1）普通抹灰，本表第 3 项阴角方正可不检查；

2）顶棚抹灰，本表第 2 项表面平整度可不检查，但应平顺。

4.3 装饰抹灰工程

4.3.1 本节适用于水刷石、斩假石、干粘石、假面砖等装饰抹灰工程的质量验收。

主控项目

4.3.2 抹灰前基层表面的尘土、污垢、油渍等应清除干净，并应洒水润湿。

检验方法：检查施工记录

4.3.3 装饰抹灰工程所用材料的品种和性能符合设计要求。水泥的凝结时间安定性复验应合格。砂浆的配合比应符合设计要求。

检验方法：检查产品合格证书、进场验收记录、复验报告和施工记录。

4.3.4 抹灰工程应分层进行。当抹灰总厚度大于或等于 35mm 时，应采取加强措施。不同材料基体交接处表面的抹灰，应采取防止开裂的加强措施，当采用加强网时，加强网与各基体的搭接宽度不应小于 100mm。

检验方法：检查隐蔽工程验收记录和施工记录。

4.3.5 各抹灰层之间及抹灰层与基体之间必须粘接牢固，抹灰层应无脱层、空鼓和裂缝。

检验方法：观察；用小锤轻击检查；检查施工记录。

一般项目

4.3.6 装饰抹灰工程的表面质量应符合下列规定：

1 水刷石表面应石粒清晰、分布均匀、紧密平整、色泽一致，应无掉粒和接槎痕迹。

2 斩假石表面剁纹应均匀顺直、深浅一致，应无漏剁处；阳角处应横剁并留出宽窄一致的不剁边条，棱角应无损坏。

3 干粘石表面应色泽一致、不露浆、不漏粘，石粒应黏结牢固、分布均匀，阳角处应无明显黑边。

4 假面砖表面应平整、沟纹清晰、留缝整齐、色泽一致，应无掉角、脱皮、起砂等缺陷。

检验方法：观察；手摸检查。

4.3.7 装饰抹灰分格条（缝）的设置应符合设计要求，宽度和深度应均匀，表面应平整光滑，棱角应整齐。

检验方法：观察。

4.3.8 有排水要求的部位应做滴水线（槽）。滴水线（槽）应整齐顺直，滴水线应内高外低，滴水槽的宽度和深度均不应小于 10mm。

检验方法：观察；尺量检查。

4.3.9 装饰抹灰工程质量的允许偏差和检验方法应符合表 4.3.9 的规定。

表 4.3.9 装饰抹灰的允许偏差和检验方法

项次	项目	允许偏差				检验方法
		水刷石	斩假石	干粘石	假面砖	
1	立面垂直度	5	4	5	5	用 2m 垂直检测尺检查
2	表面平整度	3	3	5	4	用 2m 靠尺和塞尺检查
3	阳角方正	3	3	4	4	用直角检测尺检查
4	分格条（缝）直线度	3	3	3	3	拉 5m 线，不足 5m 拉通线，用钢直尺检查
5	墙裙、勒角上口直线度	3	3	—	—	拉 5m 线，不足 5m 拉通线，用钢直尺检查

4.4 清水砌体勾缝工程

4.4.1 本节适用于清水砌体砂浆勾缝和原浆勾缝工程的质量验收。

主控项目

4.4.2 清水砌体勾缝所用水泥的凝结时间和安定性复验应合格。砂浆的配合比应符合设计要求。

检验方法：检查复验报告和施工记录。

4.4.3 清水砌体勾缝应无漏勾。勾缝材料应黏结牢固、无开裂。

检验方法：观察。

一般项目

4.4.4 清水砌体勾缝应横平竖直，交接处应平顺，宽度和深度应均匀，表面应压实抹平。

检验方法：观察；尺量检查。

4.4.5 缝应颜色一致，砌体表面应洁净。

检验方法：观察。

附录3　抹灰工安全操作规程

1. 脚手架使用前应检查脚手板是否有空隙、探头板、护身栏、挡脚板，确认合格，方可使用。吊篮架子升降由架子工负责，非架子工不得擅自拆改或升降。

2. 作业过程中遇有脚手架与建筑物之间拉接，未经领导同意，严禁拆除。必要时由架子工采取加固措施后，方可拆除。

3. 脚手架上的工具、材料要分散放稳，不得超过允许荷载。

4. 采用井字架、龙门架、外用电梯垂直运送材料时，预先检查卸料平台通道的两侧边安全防护是否齐全、牢固，吊盘（笼）内小推车必须加挡车掩，不得向井内探头张望。

5. 外装饰为多工种立体交叉作业，必须设置可靠的安全防护隔离层。

阳台部位粉刷，外侧必须拉安全网，作业中禁止踩踏脚手架的防护栏杆或阳台板。

贴面使用的预制件、大理石、瓷砖等，应堆放整齐、平稳，边用边运。安装时要稳拿稳放，待灌浆凝固稳定后，方可拆除临时支撑。废料、边角料严禁随意抛掷。

6. 脚手板不得搭设在门窗、暖气片、洗脸池等非承重的物器上，阳台通廓部位抹灰，外侧必须挂设安全网。严禁踩踏脚手架的护身栏杆和阳台栏板进行操作。

7. 室内抹灰采用高凳上铺脚手板时，宽度不得少于两块(50 cm)脚手板，间距不得大于 2 m，移动高凳时上面不得站人，作业人员最多不得超过 2 人。高度超过 2 m 时，应由架子工搭设脚手架。采用木制高凳时，高凳一头要顶在墙上。

8. 室内推小车要稳，拐弯时不得猛拐。

9. 在高大门、窗旁作业时，必须将门窗扇关好，并插上插销。

10. 夜间或阴暗处作业，应用 36 V 以下安全电压照明。

11. 瓷砖墙面作业时，瓷砖碎片不得向窗外抛扔。剔凿瓷砖应戴防护镜。

12. 洗淋或拌和石灰、水泥砂浆时，要穿戴好防护用品，防止生石灰灼烫皮肤和眼睛。

13. 人工搬运瓷砖、大理石等板块材料，应捆绑牢固，上举下传要力所能及。

14. 悬空作业时，吊篮架（托架）和操作人应分别设置专用安全绳。

15. 使用机械进行喷涂作业，应戴防护用品，压力表、安全阀应灵敏可靠，输浆管各部接口处，应锁紧卡牢，管路摆放顺直，避免折弯。输浆应严格按照规定压力进行，发生超压或管路堵塞时，应立即泄压停电停机检修，喷咀不得对人。

16. 使用各种瓷砖、大理石板等装饰面层时，两人不得对面作业，加工切割板面时，防止锯片破碎飞出伤人以及加工件砸碰手脚。

17. 磨面机金刚砂块必须安装牢固，操作时应戴好绝缘手套，穿好绝缘靴，电线绝缘良好且不得破损。

18. 贴嵌面使用的预制构件、大理石、磁砖等应堆放整齐平稳，散件要将箱，贴嵌面板块未牢时，不得拆除临时支撑。铺砌光面易滑地面时，防止滑倒。

19. 使用机械喷浆机时，应遵守以下规程：

（1）机械喷灰喷涂应戴防护用品，压力表、安全阀应灵敏可靠，输浆管各部接头应拧紧卡牢。

（2）输浆应严格按照规定压力进行，超压和管道堵塞应停机卸压检修。

20. 使用磨石机应遵守以下规程：

（1）使用磨石机应戴绝缘手套穿胶鞋。

（2）工作时，应详细检查各部件的情况，磨石、磨刀要装牢固可靠，螺栓、螺母等连接件必须紧固，传动件应灵敏可靠、不松旷、并润滑。

（3）导线、开关绝缘良好，电缆线应悬挂起来，不得在地上拖动。

（4）工作前，应进行试运转，运转正常方可开始工作。

（5）长时间作业、电机或传动部分过热时，应停机冷却后再用。

（6）每班作业结束后，要切实电源，盘好电缆，将机械擦试干净，停放在干燥处。

21. 使用电钻、砂轮等手持电动机具，必须装有漏电保护器，作业前应试机检查，作业时应戴绝缘手套。

22. 遇有 6 级以上强风、大雨、大雾，应停止室外高处作业。